U0374848

江苏省高校优势学科建设工程项目资助
江苏省高校品牌专业建设工程资助项目

人体运动生理生化评定实验教程

张　林　主编

苏州大学出版社

图书在版编目(CIP)数据

人体运动生理生化评定实验教程 / 张林主编. —苏州：苏州大学出版社，2017.8
(体育类专业实验教学指导丛书)
ISBN 978-7-5672-2214-4

Ⅰ. ① 人… Ⅱ. ①张… Ⅲ. ①人体运动—运动生理—实验—教材②人体运动—人体生物化学—实验—教材
Ⅳ. ①G804.21—33②Q5—33

中国版本图书馆 CIP 数据核字(2017)第 209711 号

人体运动生理生化评定实验教程
张 林 主编
责任编辑 施小占

苏州大学出版社出版发行
(地址：苏州市十梓街 1 号 邮编：215006)
宜兴市盛世文化印刷有限公司印装
(地址：宜兴市万石镇南漕河滨路 58 号 邮编：214217)

开本 700 mm×1 000 mm 1/16 印张 10 字数 169 千
2017 年 8 月第 1 版 2017 年 8 月第 1 次印刷
ISBN 978-7-5672-2214-4 定价：28.00 元

苏州大学出版社营销部 电话：0512-65225020
苏州大学出版社网址 http://www.sudapress.com

前言

体育学本科专业的培养目标除具备各专业方向的特色外，大多为培养体育方面的复合型人才。但在教学实践中发现，当遇到具体问题时，学生的思维模式往往局限在某门课程的知识框架内，缺乏综合利用相关知识解决问题的能力，与培养目标的要求有一定差距。

在多年教学实践基础上，本实验教程以人体运动机能评定为主旨，将同一知识体系、知识结构相联的运动生理学和运动生物化学两门课程的实验融为一体，在配合理论教学的同时，能够使学生综合利用运动生理生化的专业知识和实验技术解决运动实践中遇到的问题。

本教程主要分为 5 个单元，第 1 单元为实验基础知识与基本操作技术，是学生进行运动生理生化实验的基础。第 2 单元为基础性实验，通过验证运动生理生化的一些实用性强的经典实验，帮助学生掌握基本实验方法和实验操作技能。第 3 单元为综合性实验，通过运动生理生化指标的测试与分析，综合利用相关知识解决运动实践中某一具体问题。第 4 单元为设计性实验，对运动实践中某一具体问题设计解决方案，包括运动生理生化多项指标的选择、实验方法的确定、实验结果的综合分析等。第 5 单元为拓展性实验，围绕运动人体机能评定的重点问题，介绍相关机能的生理生化指标测试与评定方法，目的在于扩大学生的知识面，为本科毕业论文设计提供研究方法和指标体系。

本教程是我们运动生理生化教学团队多年教学实践的结晶，也是我们为实现体育学本科专业培养目标所做的教学改革尝试。该教程由苏州大学体育学院张林教授、罗丽副教授、张庆博士、岳春林副教授、鲍捷副教授编写，张林教授负责全书统稿。

鉴于编者水平所限，且为新的教学改革尝试，不足之处在所难免，望同行与读者不吝赐教。

张　林

2017 年 5 月

目 录

第 1 单元　实验基础知识与基本操作技术 ························ 001
一、实验课的基本要求 ························ 001
二、常用实验仪器与操作技术 ························ 002
（一）运动生理学 ························ 002
（二）运动生物化学 ························ 004
三、常用运动实验方法与实验设计 ························ 011
（一）动物实验 ························ 011
（二）动物运动实验设计 ························ 016
（三）人体运动实验设计 ························ 017
第 2 单元　基础性实验 ························ 018
一、运动生理学 ························ 018
实验一　肌肉生理横断面大小对肌肉收缩力量的影响 ························ 018
实验二　本体感觉功能的测定 ························ 019
实验三　人体反应时的测定 ························ 021
实验四　前庭功能稳定性的测定 ························ 023
实验五　血浆的缓冲性质试验 ························ 026
实验六　肺通气功能的测定 ························ 028

实验七　通气阈的测定 …… 029

实验八　心输出量的影响因素 …… 031

实验九　人体基础代谢的间接测定 …… 033

二、运动生物化学实验 …… 038

实验一　血红蛋白的测定(氰化高铁血红蛋白法) …… 038

实验二　血糖的测定(葡萄糖氧化酶-过氧化物酶法) …… 039

实验三　血乳酸的测定 …… 041

实验四　血脂的测定 …… 043

实验五　血氨的测定 …… 045

实验六　血尿素氮的测定(二乙酰一肟法) …… 047

实验七　尿蛋白的定量测定(双缩脲法) …… 049

实验八　尿肌酐的测定(碱性苦味酸法——jaffe 反应法) …… 051

第 3 单元　综合性实验 …… 054

一、运动生理学 …… 054

实验一　视觉机能的测定 …… 054

实验二　呼吸运动的调控 …… 057

实验三　心脏泵血功能的测评 …… 060

实验四　人体安静与运动过程中心率和动脉血压的测评 …… 063

实验五 人体安静与运动时心电图的测评 …………… 066

实验六 肌肉力量的测评 ……………………………… 068

实验七 无氧功率的测评 ……………………………… 071

实验八 PWC_{170}的测评 ………………………………… 072

实验九 最大摄氧量的测评 …………………………… 075

实验十 体成分的测量与评价 ………………………… 085

二、运动生物化学 …………………………………………… 091

实验一 无氧运动负荷和运动效果的综合评定 ……… 091

实验二 有氧运动负荷和运动效果的综合评定 ……… 094

实验三 体育锻炼效果的综合评定 …………………… 097

第 4 单元 设计性实验 …………………………………………… 099

实验一 人体运动过程中生理功能的变化 …………… 099

实验二 不同运动状态下肌肉活动的表面肌电特点 ……………………………………………………… 101

实验三 运动对氧运输系统功能的影响 ……………… 103

实验四 不同人群有氧运动能力的比较 ……………… 104

实验五 有氧健身运动处方的制定 …………………… 106

实验六 低氧环境对氧运输系统和运动能力的影响 ……………………………………………………… 109

实验七 运动负荷与能量测定 ………………………… 110

实验八 训练效果的生理学评价 ……………………… 113

实验九 运动性疲劳的特征、诊断与消除 …………… 114

第 5 单元　拓展性实验 ………………………… 121

一、肌肉机能的生理生化指标测试与评定 ………………… 121

实验一　肌肉电生理测试与评定 ………………… 121

实验二　等速肌力测试与评定 ………………… 125

实验三　肌损伤指标测试与评定 ………………… 129

二、骨代谢机能的生理生化指标测试与评定 ………………… 132

实验一　骨密度测试与评定 ………………… 132

实验二　血钙的测试与评定 ………………… 136

实验三　血磷的测试与评定 ………………… 137

实验四　甲状旁腺激素的测试与评定 ………………… 138

实验五　维生素 D 的测试与评定 ………………… 139

三、内分泌机能生化指标的测试与评定 ………………… 142

实验一　胰岛素的测试与评定 ………………… 142

实验二　血清睾酮的测试与评定 ………………… 144

实验三　血清皮质醇的测试与评定 ………………… 145

主要参考书目 ………………………… 148

第 1 单元　实验基础知识与基本操作技术

一、实验课的基本要求

1. 实验课的目的

通过运动生理生化实验课的学习,掌握相关实验技术,加深对理论的理解,培养辩证唯物主义的观点以及求实、严谨、认真的科学态度和工作方法,为今后科学地组织体育教学、体育锻炼以及从事科学研究奠定基础。

2. 实验课的要求

(1) 实验台、试剂药品架必须保持整洁,仪器药品摆放井然有序。实验完毕,须将药品、试剂排列整齐,仪器洗净倒置放好,实验台面抹拭干净,经教师验收仪器后,方可离开实验室。

(2) 使用和洗涤仪器时,应小心谨慎,防止损坏仪器。使用精密仪器时,应严格遵守操作规程,发现故障应立即报告教师,不要自己动手检修。

(3) 仪器损坏时,应如实向教师报告,认真填写损坏仪器登记表,然后补偿一定金额。

(4) 使用仪器、药品、试剂和各种物品必须注意节约,应特别注意保持药品和试剂的纯净,严防混杂污染。

(5) 在实验过程中要听从教师的指导,严肃认真地按操作规程进行实验,并简要、准确地将实验结果和数据记录在实验记录本上。课后写出实验报告,由课代表收齐交给教师。

3. 实验报告的要求

实验结束后,应及时整理和总结实验结果,写出实验报告。按照实验内容,实验可分为定性和定量两大类。实验报告的格式依次为:实验序号、实验名称、目的和要求、内容与原理、主要仪器及试剂配制、操作方法与实验步骤、结果与讨论。

定性实验报告中的实验名称和目的要求是针对该次实验课的全部内容而必须达到的目的和要求。在完成实验报告时,可以按照实验内容分别写原理、操作方法、结果与讨论等。原理部分应简述基本原理。操作方法(或步骤)可以流程简图的方式或自行设计的表格来表示。结果与讨论包括实验结果及观察现象的小结、对实验课遇到的问题和思考题进行探讨以及对实验的改进意见等。

定量实验报告中,目的和要求、原理以及操作方法部分应简单扼要地叙述,但是对于实验条件(试剂配制及仪器)和操作的关键环节必须写清楚。对于实验结果部分,应根据实验课的要求将一定实验条件下获得的实验结果和数据进行整理、归纳、分析和对比,并尽量总结制成各种图表,如原始数据及其处理的表格、标准曲线图以及比较实验组与对照组实验结果的图表等。另外,还应针对实验结果进行必要的说明和分析。讨论部分可以包括:关于实验方法(或操作技术)和有关实验的一些问题,如实验的正常结果和异常现象以及思考题进行探讨;对于实验设计的认识、体会和建议;对实验课的改进意见;等等。

二、常用实验仪器与操作技术

(一)运动生理学

1. 常用手术器械

(1)剪刀。

手术剪用于剪肌肉、筋膜和结缔组织等;眼科剪用于剪神经、血管和浆膜等细软组织;普通剪或金冠剪用于剪骨或皮肤等粗硬组织。

(2)镊子。

手术镊子用于夹住或提起组织和牵提切口处的皮肤,以便于剥离、剪断或缝合;眼科镊子用于夹捏神经、血管和浆膜等细软组织。

(3)注射器和针头。

配合用于注射各种药物、溶液或抽血等。

此外,在哺乳类动物手术器械中还常用的手术器械有:手术刀(用于切开皮肤和肌肉),止血钳(用于分离皮下组织,夹钳血管止血和提起皮肤切口;蚊式止血钳较小,适用于分离小血管及神经周围的结缔组织),动脉夹(用于阻断血管血流),缝针(一般直针用于缝合皮肤,弯针用于缝合深层组织),气管插管(急性动物实验时,用于插入气管,以保证气道畅通),三通开关(急性动物实验时,用于插入动脉的塑料管与血压换能器的连接,并能通过侧孔注射抗凝剂),动静脉插管(静脉插管用于静脉注射药物和溶液,动脉插管用于测量动脉血压)等。

2. 运动负荷器械

(1) 功率自行车。

功率自行车利用现有健身车结构,量化了摩擦带与摩擦轮之间的加载负荷,并通过系统受力分析,确定了加载质量、骑行转速与被测试者输出功率之间的数学关系,从而实现了对被测试者功率消耗的测定,为科学量化运动负荷提供了有效工具。

(2) 运动跑台。

运动跑台是体育科学研究,特别是运动人体的机能测试常用的设备之一。运动跑台可以与运动心肺功能测试系统、运动心电图仪、运动血压计等测试设备相连,为测试提供运动负荷。

3. 人体成分分析仪

人体成分分析仪采用多频生物电阻抗分析法,测试部位通常选择左上肢、右上肢、躯干、左下肢、右下肢进行多阻抗、多节段测量,可输出多项参数指标,包括身体水含量、蛋白质、无机盐、身体骨量、细胞内液、细胞外液、骨骼肌、体脂肪、体重、身高、标准体重、去脂体重、身体质量指数、体水分比率、肌肉率、体脂百分比、内脏脂肪等级、机体基础代谢、肥胖诊断、营养评估、体重评估、肥胖评估、目标体重、体重控制、脂肪控制、肌肉控制、健康评分、体成分指数解析、营养膳食指导、运动处方指导等。

4. 等速肌力测试系统

等速肌力测试是指通过等速肌力测试系统对测试关节在整个关节活动范围内以恒定速度进行向心或者离心运动时某一肌肉或肌肉群的力量测试。等速肌力测试作为一种肌肉力量的评定手段,关键在于对测试指标的准确选取和测试数据的合理分析。在体育科研中运用等速肌力测试系统时,主要采用的指标有总功、峰力矩、相对峰力矩、平均功率、峰力矩比、耐力比。等速肌力测试系统的主要应用包括:相同体育项目不同关节之间肌力特征的评价;不同运动项目同一关节肌力特征对比;寻找运动员最佳的运动速度。

5. 运动心肺功能测试系统

心肺功能评价是世界各国各种形式的体质研究和健康体能评价系统中最为重要的内容之一,也是运动员机能评定中重要的指标。心肺运动试验是一种评价心肺储备功能和运动耐力的无创性检测方法,它综合应用呼吸气体监测技术、电子计算机和活动平板或踏车技术,实时检测在不同负荷条件下机体耗氧量和二氧化碳排出量的动态变化,从而客观、定量地评价心肺储备功能和运动耐力，是人群普查研究、体能评估和运动处方制定的基本评价手段。

该系统使用前须对仪器进行环境、容量和气体定标，定标通过后方可进行测试。测试前需要录入受试者姓名、性别、年龄、身高、是否佩戴心脏起搏器、有无疾病等基本信息，然后受试者熟悉跑台，调节面罩松紧度，佩戴电极片、血压带，查看呼吸商指标，符合要求后，开始测试。测试采用递增负荷运动进行，使用的是 Bruce 运动方案，根据受试者的自我表现及运动过程中氧摄入的变化情况，决定何时终止运动。运动过程中，仪器不断收集受试者呼出气体并输入分析泵，定点取样分析。通过与之配套的软件，两个电脑屏幕实时显示受试者心肺功能指标。指标主要包括运动时间、负荷、呼吸频率、心率、血压、每分通气量、摄氧量、二氧化碳排出量、呼吸商、氧脉搏以及各指标的动态变化曲线等。另外，该系统可以进行安静状态下的最大肺活量、补呼气量、深吸气量、潮气量等指标的测定。

6. 人工低氧系统

人工低氧系统是一种便携式、模拟高原训练状态的系统。它可以使用户在睡眠或休息时发展和保持受益于高原训练的生理机能。人工低氧系统通过空气分离设备源源不断地产生受控制的低氧（氧气含量低）空气。空气充入了一个特殊覆盖的舱中，此舱并不是完全密封的，它的多孔结构可限制外部空气的扩散以保持高原状态，其模拟高度可从海拔高度调至 9 000 英尺。还可以利用一个独立的适配器模拟高达 15 000 英尺的高度。每天使用 6 ~ 8 小时的人工低氧系统足以刺激“高原”环境适应性，它可产生一系列的生理适应，最终极大地提高运动能力。

7. 生物信号采集系统

生物信号采集系统是研究生物机能活动的主要设备和手段之一，常采用多单片机控制。通过该系统观察到各种生物机体内或离体器官中探测到的生物电信号以及张力、压力、温度等生物非电信号的波形，从而对生物肌体在不同的生理或药理实验条件下所发生的机能变化加以记录与分析。

（二）运动生物化学

1. 玻璃仪器的洗涤与清洁

（1）洗涤。

各种玻璃仪器的清洁程度直接影响实验结果的准确性。应根据实验要求、污物性质和玷污程度选用合适的清洁方法。

① 非定量敞口玻璃仪器，如试管、离心管、烧杯等，均可直接用毛刷蘸洗涤灵或洗衣粉刷洗，然后用自来水反复冲洗干净，最后用少量蒸馏水洗三遍。

注意：洗前检查毛刷顶端铁丝是否裸露，洗刷时不可用力过猛，以免损坏仪器。

② 定量玻璃仪器，如滴管、吸量管等，先用自来水冲洗晾干，然后于洗液中浸泡数小时，取出待沥净洗液后，用自来水冲洗，最后用蒸馏水冲洗2~3遍。

③ 比色杯用毕立即用蒸馏水反复冲洗，避免用碱液或强氧化剂清洗，切不可用试管刷或粗布(纸)擦拭。

(2) 清洁的标准。

玻璃仪器洗净后，以倒置后内壁不挂水珠为清洁标准。

2. 吸管的使用

吸管是生物化学实验中最常用的取量容器。用吸管移取溶液时，一般用右手的中指和拇指拿住管颈刻度线上方，把管尖插入溶液内大约1cm处，不得过深或过浅。用洗耳球吸液体至所需刻度上，立即用右手食指按住管口，提升吸管离开液面，使吸管末端靠在盛溶液器皿的内壁上，略微放松食指，使液面平稳下降，直至溶液的弯月面与刻度标线相切(注意，此时溶液凹面，刻度和视线应在一个水平面上)，立即用右手食指压紧管，取出吸管，插入接收容器中，吸管垂直，管尖靠在接收器内壁，与接收器成约15°夹角，松开食指，使液体自然流出。标有“吹”字的刻度吸管以及奥氏吸管应吹出尖端残留液体，其他吸管则不必吸出尖端残留液体。

量取液体时，应选用取液量最接近的吸管。如欲取1.5mL液体，应选用2.0mL的刻度吸管。另外，在加同种试剂于不同试管中且所取量不同时，应选择一支与最大取液量最接近的刻度吸管。例如，各试管中应加试剂量为0.3mL，0.5mL，0.7mL，0.9mL，则应选用一支量程为1.0mL的吸管。

3. 移液器的使用

(1) 基本原理。

移液器是一种取样量连续可调的精密取液仪器，基本原理是依靠活塞的上下移动来取液。其活塞移动的距离是由调节轮控制螺杆机构来实现的，调节轮推动按钮带动推杆使活塞向下移动，排除了活塞腔内的气体。松手后，活塞在复位弹簧的作用下复位，从而完成一次吸液过程。

(2) 操作方法(参见图1-1)。

① 将一个吸液尖装在吸液杆上，推到套紧位置以保证气密性。

② 转动调节轮，使读数显示为所要取液体的体积。

③ 轻轻按下推动按钮，将推动按钮由位置“0”推到位置“1”。

④ 手握移液器，将吸液尖垂直浸入待取液体中，浸入深度为 2 ~ 4mm。

⑤ 经 2 ~ 3s 后缓慢松开推动按钮，即从推动按钮位置“1”复位到“0”位，完成吸液过程，停留 1 ~ 2s 后将移液器移出液面。

⑥ 用纱布或滤纸将粘在尖头外表面的液体擦掉。注意不要接触到吸液尖头部的孔表面。

⑦ 将吸液尖头部放入被分配的容器中，使尖贴着容器的内壁，然后慢慢按下推动按钮至位置“1”，继续按至位置“2”，此时液体应全部排净。

⑧ 将吸液尖口部沿着容器内壁滑动几次，然后移走移液器，松开推动按钮，按卸尖按钮推掉吸液尖，即完成一个完全的操作过程（5 000uL 移液器不带卸尖器）。

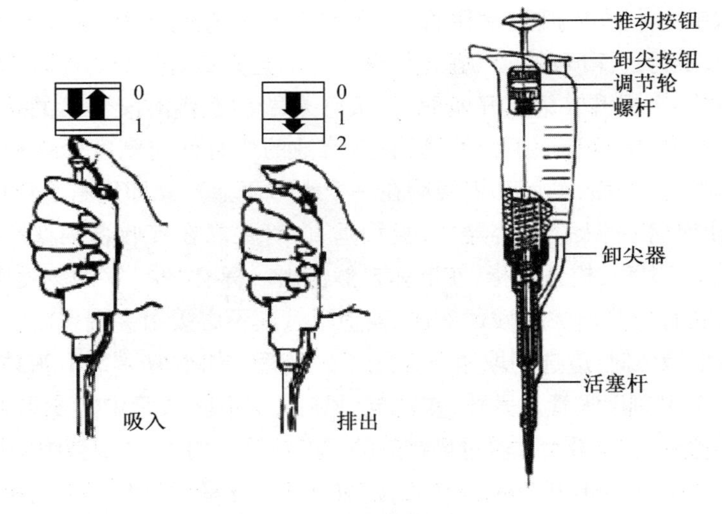

图 1-1　移液器的使用

（3）使用注意事项。

① 移液器属于精密仪器，取液前应先调好调节轮。

② 排液时要按动两档至图示位置“2”，以便排净液体。

③ 为获得较好的精度，在取液时应先用吸液的方法浸渍吸液尖，以消除误差。因为当所吸液体是血浆类、石油类和有机类液体时，吸液尖的内表面会留下一层薄膜。这个值对同一个吸液尖是一个常数，如果将这

个吸液尖再浸一次,则精度是可以保证的。

④ 浓度大的液体消除误差的补偿量由试验确定,其取液量可通过增加或减少数轮的读数加以补偿。

⑤ 当移液器中有溶剂时,移液器不准放倒,以防止残留液体倒流。

⑥ 吸取少量液体时最好不要用大体积的移液器。

⑦ 使用移液器之前应看清其刻度,不要调节到超过其最大刻度。

4．离心机

(1) 基本原理。

利用物质的质量、密度、形状等物理性状的差异,在一定介质中通过离心力(场)作用,使物质沉降的过程称为离心。产生离心力的机械是各种类型的离心机。待分离的物质一般被悬浮在一种特殊的液体介质中,盛有这种介质的离子被放置在离心机转头内。转头的中央位于离心机的驱动轴上。离心介质的浮力密度、粘度、阻力影响物体的沉降速度。通过对离心力以及离心介质的选择,可以分离纯化出不同质量大小和物理形状的物质。

(2) 操作方法。

① 离心前应检查:取出所有套管,起动空载的离心机,以检查离心机是否转动平衡;检查套管内软垫是否完好,有无其他异物;离心管与套管是否匹配。

② 平衡:将一对离心管放入套管内,离心管内装等量的待离心溶液,置于天平两侧;如不平衡,用滴管向较轻一侧的离心管与套管之间加水直至平衡。

③ 离心:将等重的两管置于离心机中的对称位置,调节转速钮,逐渐增加转速至所需速度,计时。

④ 离心结束:将套管的水倒净,所有套管放回离心机中。

(3) 使用注意事项。

① 离心的起动、停止都要慢,否则离心管易碎或液体从离心管中溅出。

② 离心过程中,若听到特殊响声,应立即停止离心,检查离心管。若离心管已碎,应清除并更换新管;若管未碎,应重新平衡。

5．电泳仪

(1) 基本原理。

电泳技术是分子生物学研究不可缺少的重要分析手段。电泳一般分为自由界面电泳和区带电泳两大类。自由界面电泳不需支持物，如等电聚焦电泳、等速电泳、密度梯度电泳及显微电泳等，这类电泳目前已很少使用。而区带电泳则须用各种类型的物质作为支持物，常用的支持物有滤纸、醋酸纤维薄膜、非凝胶性支持物、凝胶性支持物及硅胶-G 薄层等，分子生物学领域中最常用的是琼脂糖凝胶电泳。所谓电泳，是指带电粒子在电场中的运动，不同物质由于所带电荷及分子量的不同，因此在电场中运动速度不同。根据这一特征，应用电泳法便可以对不同物质进行定性或定量分析，或将一定混合物进行组份分析或单个组份提取制备，这在实验研究中具有极其重要的意义。

（2）操作方法。

① 首先用导线将电泳槽的两个电极与电泳仪的直流输出端连接，注意极性不要接反。

② 电泳仪电源开关调至关的位置，电压旋钮转到最小，根据工作需要选择稳压稳流方式及电压电流范围。

③ 接通电源，缓缓旋转电压调节旋钮直到达到所需电压为止，设定电泳终止时间，此时电泳即开始进行。

④ 工作完毕后，应将各旋钮、开关旋至零位或关闭状态，并拔出电泳插头。

（3）使用注意事项。

① 电泳仪通电进入工作状态后，禁止人体接触电极、电泳物及其他可能带电部分，也不能到电泳槽内取放东西，如需要应先断电，以免触电。同时要求仪器必须有良好接地端，以防漏电。

② 仪器通电后，不要随时增加或拔掉输出导线插头，以防短路现象发生，虽然仪器内部附设有保险丝，但短路现象仍有可能导致仪器损坏。

③ 由于不同介质支持物的电阻值不同，电泳时所通过的电流量也不同，其电泳速度及电泳至终点所需时间也不同，故不同介质支持物的电泳不要同时在同一电泳仪上进行。

④ 在总电流不超过仪器额定电流时（最大电流范围），可以多槽关联使用，但要注意不能超载，否则容易影响仪器寿命。

⑤ 某些特殊情况下须检查仪器电泳输入情况时，允许在稳压状态下空载开机，但在稳流状态下必须先接好负载再开机，否则电压表指针将大幅度跳动，容易造成不必要的人为机器损坏。

⑥ 使用过程中发现异常现象，如较大噪音、放电或异常气味，须立即

切断电源,进行检修,以免发生意外事故。

6. 722 型分光光度计

(1) 基本原理。

分光光度计是应用分光光度法(即比色法)测定物质含量(即浓度)的仪器,具有操作简便,灵敏度高等优点。当利用比色法测定溶液中某种化学成分时,通常需加入某种显色剂,使其产生有色化合物,而且其颜色的深浅与待测化学成分的含量成正比,据此测定待测物的浓度。分光光度法的原理及计算公式均是依据 Lambert-Beer 定律,即一束单色光通过一溶液时,由于溶液吸收一部分光能,使光的强度减弱,若溶液的浓度(或厚度)不变,则溶液的厚度(或浓度)愈大,光线强度的减弱也愈显著。

分光光度计通常是把溶液的厚度固定不变,通过光密度值表现溶质的浓度。若用待测物的纯品配制不同的浓度,测出其光密度,绘出浓度对光密度的工作曲线,便可以此查得未知样品的浓度,还可依据下列公式对未知样品的浓度通过计算得出。

$$\frac{\text{测定管的光密度值}}{\text{标准管的光密度值}}=\frac{\text{测定管的浓度}}{\text{标准管的浓度}}$$

$$\text{测定管的浓度}=\frac{\text{测定管的光密度值}}{\text{标准管的光密度值}}\times\text{标准管的浓度}$$

(2) 操作方法。

① 使用仪器前,使用者应该首先了解本仪器的结构和工作原理,以及各个操作旋钮之功能。在未接通电源前,应该对仪器进行检查,电源线接线应牢固,通地要良好,各个调节旋钮的起始位置应正确,然后再接通电源开关。

② 将灵敏度旋钮调置“1”档(放大倍率最小)。

③ 开启电源,指示灯亮,选择开关置于“T”,波长调置测试用波长。仪器预热 20min。

④ 打开试样室盖(光门自动关闭),调节“0”旋钮,使数字显示为“00.0”,盖上试样室盖,将比色皿架处于蒸馏水校正位置,使光电管受光,调节透过率“100%”旋钮,使数字显示为“100.0”。

⑤ 如果显示不到“100.0”,则可适当增加微电流放大器的倍率挡数,但尽可能倍率置低挡使用,这样仪器将有更高的稳定性。但改变倍率后必须按④重新校正“0”和“100%”。

⑥ 预热后,按④连续几次调整“0”和“100%”,仪器即可进行测定

工作。

⑦ 吸光度 A 的测量:按④调整仪器的“00.0”和“100%”后,将选择开关置于“A”,调节吸光度调零旋钮,使得数字显示为“.000”,然后将被测样品移入光路,显示值即为被测样品的吸光度的值。

⑧ 浓度 C 的测量:选择开关由“A”旋置“C”,将已标定浓度的样品放入光路,调节浓度旋钮,使得数字显示为标定值,将被测样品放入光路,即可读出被测样品的浓度值。

⑨ 如果大幅度改变测试波长时,在调整“0”和“100%”后稍等片刻,(因光能量变化急剧,光电管受光后响应缓慢,需一段光响应平衡时间),当稳定后,重新调整“0”和“100%”即可工作。

⑩ 每台仪器所配套的比色皿,不能与其他仪器上的比色皿单个调换。

仪器数字后盖,有信号输出 0 ~ 1 000mV,插座 1 脚为正,2 脚为负接地线。

(3) 使用注意事项。

① 分光光度计属精密仪器,应精心维护,防震、防潮、防腐蚀。

② 比色杯要保持清洁,其透光面忌用手触摸或接触粗糙物体,比色杯中的液体应适量,外壁应用擦净纸擦干,如杯中溶液为强酸或强碱,应尽快比色,以防腐蚀比色杯。

③ 比色时间应尽量缩短,以防光电系统疲劳。

④ 用后应将所有开关、旋钮移至原位,关闭电源,清洗比色杯,倒置于比色杯架上。

⑤ 比色杯必须成套使用,注意保护。清洗时用0.1mol/L HCl 和乙醇溶液或稍加稀释的洗涤液浸泡去污,用蒸馏水充分清洗干净,晾干备用。

7. *尿液分析仪*

尿液分析仪是测定尿中某些化学成分的自动化仪器,它是尿液自动化检查的重要工具,此种仪器具有操作简单、快速等优点。但是尿液分析仪使用不当和许多中间环节及影响因素都直接影响自动化分析结果的准确性,不仅会引起实验结果的误差,甚至延误诊断。因此要求操作者对自动化仪器的原理、性能、注意事项及影响因素等方面的知识要有充分的了解,在此基础上正确地使用自动化仪器,才能使尿液分析仪得出的结果更可靠、准确。

8. 血乳酸分析仪

主要用于血乳酸浓度的快速测定。一般只需要一滴(0.5μL)全血作为测试样品,15秒完成测定,因此具有快速、精确、便携、操作简单等优点。

9. 全自动生化分析仪

全自动生化分析仪是根据光电比色原理测定血清、尿液、脑脊液等样品中某种特定化学成分的仪器。由于其测量速度快、准确性高、消耗试剂量小,故可大大提高常规生化检验的效率。

10. 酶标仪

酶标仪可对以微孔板为体系的实验提供多种“吸收光”、“荧光”等不同模式的检测,广泛应用于低紫外区的DNA、RNA定量及纯度分析(A260/A280)和蛋白定量(A280/BCA/Braford/Lowry),酶活、酶动力学检测,酶联免疫测定(ELISAs),细胞增殖与毒性分析,细胞凋亡检测(MTT),报告基因检测及G蛋白偶联受体分析(GPCR)等。

11. 放射免疫分析仪

放射免疫分析法,是一种灵敏度高、较简便的测量法,几乎可测定生物体内任何物质,包括生物体本身分泌的各种激素,外源性摄入的各种药物,一些病毒抗原等。检测时,将样品和辣根过氧化物(HRP)加入到固相包被有抗体的白色不透明微孔板中,血清中的待测分子与辣根过氧化物酶的结合物和固相载体上的抗体特异性结合。分离洗涤未反应的游离成分。然后,加入发光底液,利用化学反应释放的自由能激发中间体,从基态回到激发态,能量以光子的形式释放。此时,将微孔板置入分析仪内,通过仪器内部的三维传动系统,依次由光子计数器读出各孔的光子数。样品中的待测分子浓度根据标准品建立的数学模型进行定量分析。

三、常用运动实验方法与实验设计

(一)动物实验

1. 实验动物的捉拿固定

实验动物的正确捉拿和固定,不但可以避免由于过强的刺激和动物的损伤而影响观测结果的正确性,而且还可防止被动物咬伤,从而保证实验的顺利进行。常用的小鼠、大鼠及家兔的捉拿固定方法如下:

（1）小鼠。

用右手抓住鼠尾，提出后立即放在铁丝笼或粗糙的板面上，而后右手将小鼠缓缓后拉，恰好与鼠要向前爬行的力相反而使其固定，此时可用左手的拇指和食指捏住小鼠耳后枕颈部皮肤即可提起，掌心向上而将鼠体置于掌心中，用无名指和小指将鼠尾压住。此时小鼠即被固定好，可以进行各种实验操作。操作熟练后，可采用左手一手抓取法，更为方便，右手可不必放下注射器等器具。

（2）大鼠。

捉取大鼠时，不宜突然袭击式地去抓它，这样手指容易被咬伤。取用时，应轻轻抓住其尾巴后提起，置于实验台上，将其放入大鼠固定盒将鼠固定，这样可进行尾静脉取血或注射。如要作腹腔注射或灌胃操作时，实验者应戴上帆布手套，右手轻轻抓住大鼠的尾巴向后拉，左手抓紧鼠二耳和头颈部的皮肤，并将鼠固定在左手中，右手即可进行操作。

（3）家兔。

家兔性情一般较温顺而胆小，捉拿动作要轻。家兔二耳较长，但并不能承担全身重量，因此捕捉家兔不能抓其两耳，使它疼痛而挣扎。从笼内捉兔时，先轻轻打开笼门，勿使受惊，随之将手伸入笼内，从头前阻拦它跑动，兔便伏地不动，此时用右手把二耳轻轻地压于手心内，抓住颈部的被毛与皮，提起兔，然后用左手托住它的臂部，兔身的重量大部分落于左手上。家兔的固定按实验要求而定，如在耳血管采血、注射、观察瞳孔及呼吸变化时，可将家兔装入能使头部露出的特制木箱。做心脏抽血时，可将其仰卧固定在简易木质手术台上，头部用特制兔头夹固定，四肢用活结粗棉扁带缚在台边。

2. 实验动物的标记方法

确定作为实验用的动物，应分别进行编号登记。选择何种编号、登记的标记方法，则依据实验动物数量、观察时间长短而定。

（1）皮毛涂色法。

常用于大鼠、小鼠、豚鼠等实验动物。即以苦味酸饱和酒精溶液（黄色）代表个位数；中性红（或品红）溶液（红色）代表十位数，涂在动物体表特定部位的皮毛上，不同部位代表不同数目，如图 1-2 所示。

（2）剪耳标记法。

在动物耳朵边缘不同部位剪口或耳朵不同部位剪一小孔，以代表一定的数序。此种标记方法清楚，保存时间长，适用于较长期进行试验观察时采用。

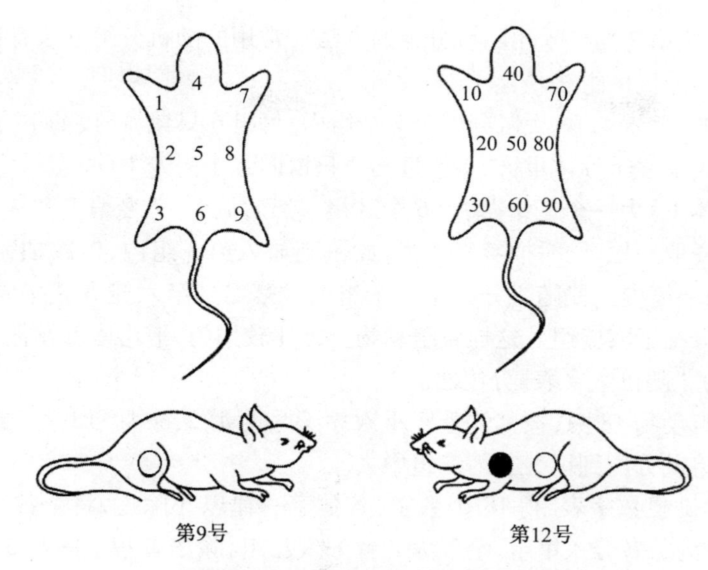

图 1-2　大白鼠和小白鼠的标记图示

（3）烙印法。

用刺激钳在动物耳上刺上号码，然后用棉签蘸着溶在酒精中的墨黑在刺号上加以涂抹，烙印前最好对烙印部位预先用酒精消毒。

（4）用金属制的号牌固定于实验动物的耳上，大动物可系于颈上。

对于猴、狗、猫等大动物有时可不做特别标记，只记录它们的外表和毛色即可。

3. 实验动物性别鉴别

受试物不同性别可有不同的毒性作用，或由于目的要求不同，往往需选用不同性别的动物进行试验观察。

大鼠和小鼠的性别鉴定，见表1-1。

表 1-1　雌鼠和雄鼠的鉴别

雄性(♂)	雌性(♀)	备注
生殖器离肛门较远，阴部有毛；生殖器呈圆尖形突出；会阴处有睾丸，有时升入腹腔	生殖器离肛门较近，生殖器和肛门间无毛；生殖器呈圆形且有凹槽和阴道开口；胸腹部有明显的乳头（大鼠6对，小鼠5对）	仔鼠性别主要以生殖器距肛门远近来鉴别，雄性距离远，雌性距离近

4. 实验动物的分组

实验时，在动物数量较多的情况下，必须进行分组。为避免主观上有意或无意地偏见，减少因其他个体因素带来的偏差，使实验结果比较准确

可靠,实验动物均应采用随机分组的方法。常用的随机分组方法有:

(1) 随机区组法。

例如,欲将42只大鼠分配于7个组内,每组6只鼠,可按如下方式进行。将大鼠逐个称体重,体重接近的7只鼠同置于一笼中(每鼠做上记号并登记体重)为一个区组,共计6个区组。然后从1~7号编7个签,于第一笼内任取一鼠,同时抽签得3号,此鼠则放入第3组内,依次抽完7个签,则第一笼内大鼠随机分配于7个组内。第二到第六笼大鼠按同样方法抽签分配于实验组。这样各组动物分配比较均匀,平均体重亦很接近。

(2)"随机数字表"分组法。

如有动物18只,按其体重轻重次序编号为1,2,3,4…18号,试用随机方法将其分配到甲、乙、丙三组中去。

查"随机数字表"得18个数字,各数字一律以3除之,将余数为第3行,余数为1者分入甲组,余数为2者分入乙组,除尽者写上除数3,分入丙组,结果如表1-2所示。

表1-2　完全随机设计举例(分3组)

动物编号	1	2	3	4	5	6	7	8	9	10	11	12	13	14	15	16	17	18
随机数字	14	23	49	46	21	62	45	34	22	19	22	64	61	73	20	63	83	76
以3除后余数	2	2	1	1	3	2	3	1	1	1	1	1	1	1	2	3	1	2
组别	乙	乙	甲	甲	丙	乙	丙	甲	甲	甲	甲	甲	甲	甲	乙	丙	甲	乙

甲组动物号为:3,4,8,9,10,11,12,13,14,17(10只)

乙组动物号为:1,2,6,15,18(5只)

丙组动物号为:5,7,16(3只)

如果要求3个组动物数相等,则须将甲组中动物随机抽出1只到乙组中去,抽出3只到丙组中去,按下法进行。

从"随机数字表"查得4个数字(因要从甲组调出4只动物),48,62,91,73,分别以10,9,8,7除之(因要使原分配到甲组中的10只动物都有被调出的可能,并要依次使剩下的9,8,7只动物都有被调出的可能),取得数据如实验表1-3所示。

表1-3　完全随机设计举例(调组)

随机数字	48	62	91	73
除数	10	9	8	7
余数	8	8	3	3

即应把甲组10只动物中的第8只(即13号)调入乙组,剩下9只中的第8只(即14号)调入丙组,剩下8只动物中的第3只(即8号)调入丙组,剩下7只动物中的第3只(即9号)调入丙组,经调整后为:

甲组动物号为:3,4,10,11,12,17

乙组动物号为:1,2,6,13,15,18

丙组动物号为:5,7,8,9,14,16

该分组法比较麻烦,建议使用第一种。

5. 实验动物的牺牲方法

实验动物对人类的科学研究付出了生命代价,实验动物的牺牲方法总的要求是死亡尽量快速,不使动物机体发生与毒理实验无关的病理变化,操作简便为原则。动物处理的常用方法,依实验的目的要求及动物种类不同而定。

(1) 脱颈椎法。

适用于对小动物(大、小白鼠)处死。用左手拇、食指捏住头颈部,右手抓住尾巴用力向后拉,使脊髓与颈椎处拉断,动物立即死亡。

(2) 断头法。

适于对大、小白鼠进行处理。

(3) 麻醉法。

将动物放入预先洒有麻醉剂(如氯仿或乙醚)的密闭容器内,使动物麻醉致死。大动物则须用注射麻醉剂法进行。

(4) 空气栓塞法。

用注射器向动物静脉内迅速注入一定量的空气,使动物血管内形成大量气栓而致死。此法适用于大动物的处理。

6. 实验动物的解剖检查

(1) 动物的解剖操作。

在进行解剖检查前,首先复查动物的编号、实验组别、称体重,然后进行一般的体表状况的观察。将动物放在解剖台(板)上仰卧固定用纱布蘸取5%来苏尔液或普通水,湿润胸和腹部的皮毛。左手用有齿镊子将耻骨联合前的皮肤提起剪一横口,然后用圆头剪刀从开口处沿腹中线直至颈部,剪开皮肤和胸腹部肌肉,并以这条线起向四肢剪开,分别翻开至两侧,以暴露腹腔,仔细观察及记录腹膜、肝脏、胃、脾、肠、两肾、肠系膜等脏器的情况,如有无出血、化脓、粘连、颜色异常、渗出液的量及性质、肿块等。随之用圆头剪以倒“V”字形剪口开至肋骨,自下而上斜至颈部,剪下前胸部分，仔细地观察及记录胸部各脏器的情况。

（2）内脏器官的摘出。

观察各脏器的位置、形态、外观情况后，可采用一起移出或按一定顺序个别摘除方法取出。一起移出方法，首先是从喉头处将气管及食管、血管一起切断，而后用止血钳夹住拉起，从背脊部和胸腹腔壁自上而下逐步剥离一起取出。若按个别器官顺序摘除，则从腹腔开始，先取脾脏，然后从横隔处切断食管及近肛门的直肠，将胃、胰、肠一起取出，最后取肝脏及肾脏。胸腔脏器则先摘除心脏，再取肺及甲状腺等。脑的摘出系使动物取俯卧位固定于板上，用剪自鼻至枕部沿正中线剪开皮肤并剥离而露出整个颅壳，而后依据动物大小，用正中矢状切口或水平环状切口，将颅骨切开，用镊子小心地将一块块的颅骨剥除，致使脑整个露出。用眼科剪刀剪断脊髓及颅底各神经，即可取出脑。

（3）内脏器官的肉眼观察检查。

实质器官重点是观察脏器的颜色、形状大小、有无肿胀、肿块、充血、出血、坏死、软硬度、表面及边缘有无异常；切开后切面有无外翻、粘连，各种结构层次是否清晰等。空腔器官主要是观察其内容物的量和性质，粘膜有无水肿、充血、溃疡、坏死等变化。动物经解剖及脏器观察检查后，即可选取标本进行固定，留待制作组织切片进行显微镜观察。

（二）动物运动实验设计

在运动人体科学研究领域中常用动物实验来模拟某种人体运动状态。应用动物开展各种运动实验，可根据研究目的获取任何样品，因此在研究中被广泛采用。首先应确定动物种系，不同的研究目的应用不同种系的动物进行研究。在选择实验动物时，应遵循以下原则：选择在解剖学、生理学及代谢方面与人类相似的动物；选择对实验敏感的品种或品系的实验动物；选择靶器官效应好的实验动物；选择科研、检定等生产中传统使用的动物；选择有利于实验结果解释的动物级别；选择容易进行运动训练的实验动物。目前广泛使用的动物是大鼠和小鼠。动物运动实验的常用方法，包括跑台、转轮、游泳、爬梯等，其中最常用的是游泳和跑台训练。

1. *游泳*

由于鼠是天然的游泳能手，在接受游泳训练时不会产生强烈的抵触情绪，被认为是一种掺入“情感因素”最少的训练方式。此外，游泳方法易维持运动强度在较高水平，而所需设备大多简便易得，通过给予适宜水温和充足的运动空间，可以使大鼠的运动能力得以充分的发挥。

2. 跑台

动物跑台与人用的跑步机结构基本相同，为适应动物的体型设计成了不同的大小。动物跑台通常附带一个透明的塑料盖，防止动物跳出跑台。跑台的主要部分是一个滚动的传送带，表面的材质有利于动物抓地。分隔板将跑台划分成若干通道，通道的后壁安装有刺激电极和/或发声装置，各个通道的刺激装置是彼此独立的。当动物拒绝跑动或者跑速低于实验要求时，就会在传送带上退行而碰触到后壁的刺激装置，较强的电刺激或声音刺激将迫使动物按照跑台的速度奔跑。除此之外，还可以应用其他的方式，如光刺激。但是过多的刺激会引起生理上的变化，如肾上腺素升高；不同的刺激方式也会对实验结果造成影响，电刺激的强度比机械刺激大，有研究发现在达到相同的疲劳标准时，两种刺激所造成的疲劳对动物机体糖代谢的影响是有区别的。因此，在跑台实验中应当尽量降低刺激强度和刺激频率。

实验动物采用跑台的方式进行运动的主要优点在于：(1) 运动方式符合实验动物日常的运动情况；(2) 动物在各个通道内独立运动，不会受到干扰，彼此之间的限制因素较少；(3) 与游泳和自主转笼运动相比，跑台运动可以更加准确地控制运动负荷，跑台的坡度和速度都是可以人工调节的；(4) 随着电子信息技术的飞速发展，一些跑台采用了完全的计算机控制系统，可以准确地控制动物的状态，计算动物运动过程中做功并进行数据处理，能够实时获取实验数据，同时提高了实验数据的分析效率，是动物生理机能定量分析的发展趋势。

(三) 人体运动实验设计

人体实验应尽可能地用实际运动或训练的方式进行研究，如果需要，可在实验室进行控制运动强度、运动量的研究，一般收集血、尿、唾液等样品，进行无创性检测，也可对气体代谢状况进行分析。

为了更好地分析人体在运动过程中的生理生化反应和运动适应状况，常采集相对安静状态、定量负荷状态、极量负荷状态下的生理学、生物化学参数进行分析。

具体实验设计方法详见第 4 单元设计性实验。

第2单元 基础性实验

一、运动生理学

实验一 肌肉生理横断面大小对肌肉收缩力量的影响

1. 实验目的

了解肌肉生理横断面大小对肌肉收缩力量的影响

2. 实验原理

通常肌肉的力量可用肌肉的绝对力量和比肌力来表示。肌肉的绝对力量是指肌肉作最大收缩时产生的力量,它与肌肉的生理横断面积有关,肌肉生理横断面积越大,肌肉的绝对力量也越大。比肌力是指肌肉单位生理横断面积的绝对力量。由于直接测量人体肌肉的生理横断面积较困难,而身体某一部分的净围度与该部位的生理横断面积成正相关,因此,通过测量身体某部位的净围度,可间接了解该部位肌肉的生理横断面大小。如已知该部位肌肉的绝对力量,可推算出比肌力相关值。

3. 实验器材

握力计、背力计、皮脂厚度测量计、小皮尺等。

4. 实验步骤

(1) 绝对力量的测定。

① 前臂肌绝对力量:用握力计测量。测量时将握柄调至受试者2~5指第2指间关节至大拇指虎口距离最适宜位置,然后,一手握住握力计,指针向外,双腿自然开立,双臂下垂,全力紧握握力计,握力计指针随即摆动,当握力计的指针停止摆动时,指针对应的读数即为所测的握力值。连测3次,每次之间休息30s,记录最大值,即为前臂肌绝对力量。

② 腿部伸肌绝对力量:用背力计测量。受试者站立于背力计踏板指定位置上,膝关节弯曲成130°~140°,调节背力计握柄的高度,将其置于两大腿内侧中部,然后用力伸直膝关节向上拉背力计,测量3次,取最大值记录,即为腿部伸肌绝对力量。测量时不得借助曲臂和身体后倒的力量,否则重测。

（2）比肌力的测定。

① 前臂和大腿围度：前臂伸直下垂，在前臂最粗的位置测量前臂围度；两腿取站立位，在臀皱襞下呈水平位测量大腿围度。

② 前臂和大腿皮脂厚度：采用皮脂厚度测量计测量。测量前应对仪器精准性进行校正，要求测量卡尺压强为 $10g/cm^2$，接触面积为 20 ~ $40mm^2$。测试时，要求受试者自然站立，暴露被测部位。测试者右手持皮脂厚度测量计，左手拇指和食指捏起所测部位的皮肤和皮下组织，使其成一皱褶，皮褶走向与肢体长轴平行。然后，右手将卡尺在距指端 1cm 处卡住皮褶，待指针稳定在 2s 后，以 mm 为单位读取记录数，如此反复 3 次，取误差小于 5% 的测量结果均值。

③ 净围度计算：

a：计算围度半径 R 值：

$$R = \frac{C}{\pi}$$

b：计算净围度：$C' = 2\pi(R - r)$

（注：式中 C 为围度；R 为围度半径；C′为净围度，单位为 cm；r 为皮褶厚度。）

④ 比肌力计算：比肌力可用单位净围度肌力表示。计算时则用净围度除以所测得的绝对肌力求得，单位为 kg/cm。

5. 注意事项

仪器要校对准确，严格按实验步骤进行。

实验二　本体感觉功能的测定

1. 实验目的

掌握本体感觉机能变化的测定方法。

2. 实验原理

人体做各种动作时，都会引起本体感觉器的兴奋，这种兴奋沿着传入神经传到大脑皮层引起复杂的神经活动，感知动作的变化。本体感受器区分动作差别的能力，称为动作分析器的敏感性。训练程度越高，本体感受器敏感性越强，标志着肌肉对空间位置感觉越精细。

3. 实验器材

多用关节测量仪等。

4. 实验步骤

(1) 多用关节测量仪构造。

本仪器(图 2-1)主要由一直径 2m 左右的圆形木质板(或其他材料)制成。在圆板面上有分度数,圆板由一支架固定在可升降的底座上。在大圆板面上,用不同颜色划制另一个带有分数度、直径 1m 左右的小圆周。

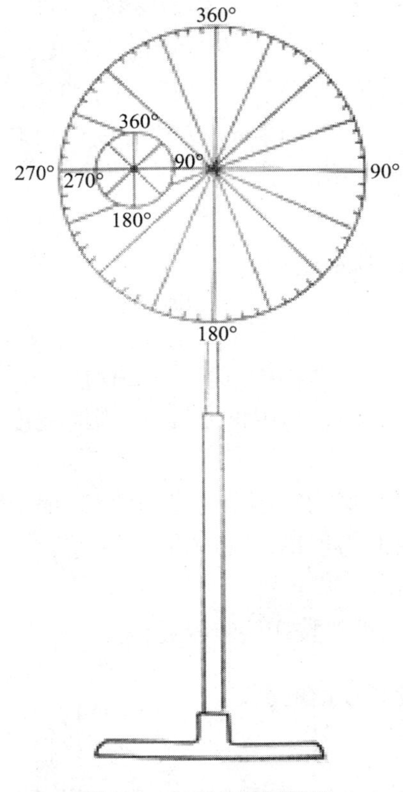

图 2-1 多用关节测量仪

(2) 测定肩关节运动分析器敏感度。

① 令受试者两臂下垂,侧立于仪器前,调整仪器高度,使测量仪器的圆心,正对着被测者肩峰。然后,令受试者手心向内直臂做前屈,要求屈到一定位置(角度),再返回原处(下垂),重复 3 次。让受试者边做动作,边体会肩部肌肉感觉。

② 受试者闭上双眼,按上面所要求的屈度再做 5 次。主试者要观察受试者每次直臂前屈的角度和原要求角度相差多少,并将其结果记录下来。

③ 让受试者背向仪器,使圆心正对着第 7 颈椎,可以测单臂或双臂

外展时的敏感度。实验方法步骤同上。

(3) 测定肘关节运动分析器敏感度。

在小圆周上进行,受试者侧立仪器前,让肘关节的中心点(肱骨外上髁处)正对小圆周的圆心,上臂固定不动,以肘关节为轴心屈伸前臂进行试验(图 2-2)。实验方法步骤同肩关节运动分析器敏感度的测定。

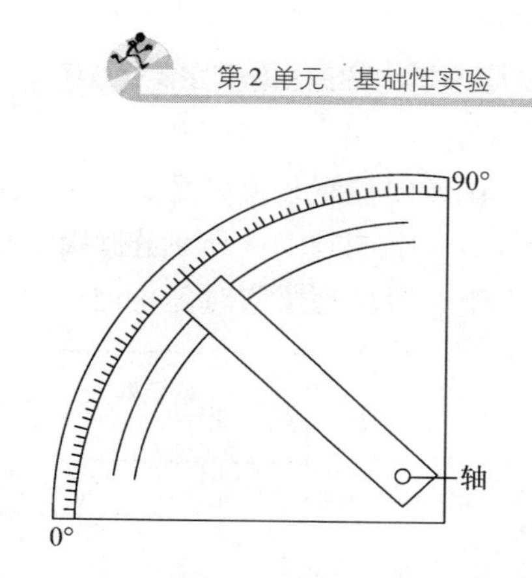

图 2-2 肘关节分析器

(4) 测定髋关节和膝关节运动分析器敏感度。

试验时可升降圆板,或者让受试者站立在升降凳上,使髋或膝关节中心点正对圆心处,方法步骤同上。

5. 注意事项

(1) 受试者在测试过程中必须闭上眼睛。

(2) 主试者在测试过程中不能给予受试者暗示。

实验三 人体反应时的测定

1. 实验目的

掌握声、光反应时的测定方法,了解反应时的生理意义。

2. 实验原理

感受器从接受刺激到效应器发生反应所需要的时间称为反应时。通过测定反应时可以了解和评定人体神经系统反射弧不同环节的功能水平。机体对刺激的反应越迅速,反应时越短,灵活性也越好。反应时分为简单反应时和综合反应时两种。简单反应时是一种单一的刺激(声、光)与被试者做出单一简单反应(按下按钮、放开按钮等)之间的时间间隔,它代表机体接受刺激至产生反应所需的时间。综合反应时包括两个(或多个)刺激和两个(或多个)反应,它检测受试者对事物变化的综合反应,代表接受刺激至大脑皮质对信号分析、综合后支配效应器所需要的时间。

3. 实验器材

反应时测定仪。

4. 实验步骤

(1) 熟悉反应时测定仪的结构和使用方法。

① 反应时测定仪,包括信号器和计时器(毫秒计)两个部分,另有主

试者的控制装置和受试者的反应装置。

② 按图 2-3 所示连接实验仪器,使计时器能再给刺激的同时开动,在受试者出现反应时停止记录。

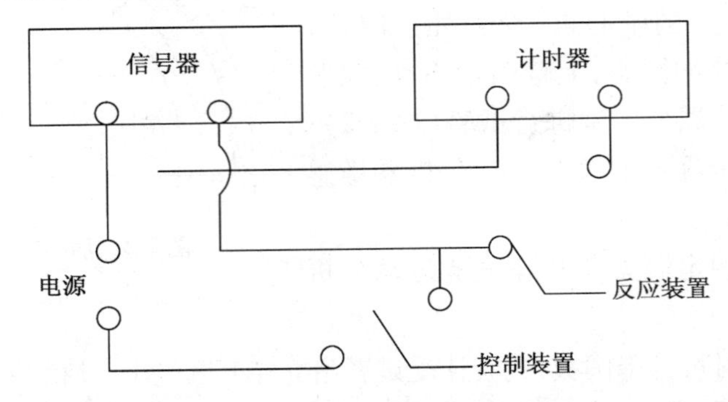

图 2-3　人体反应时测定仪示意图

③ 将计时器复“零”。受试者先关好反应开关,然后主试者再关上发出刺激控制装置的开关。此时电路已连通,当主试者发出信号时,计时器即被开动。受试者则根据已确定的指示,在看到规定信号刺激时,通过反应器打断电路(打开电钮),计时器指针便停止。反应时间便可从计时器读数得出。

(2) 单纯反应时的测定。

① 主试者的操作要在受试者的视野范围之外,并且实验应在不易分散受试者注意力的环境中进行。

② 受试者取坐位,关好反应器开关,用手指握住开关按钮,等待刺激信号。

③ 主试者先告知受试者,规定对何种(灯光或声音)信号发生反应,并要求准确,且反应愈快愈好。

④ 主试者发出“预备”的预告,经过 2 ~ 4s 给予刺激(主试者关上发出刺激的控制装置的开关)。受试者接到刺激后(见到信号),立即快速按规定的动作给予反应(打开反应器开关以切断电路),计时器便停止。主试者读取反应时并记录其数值。

⑤ 将计时器复“零”,以同一方法再测定的反应时。每次间隔时间为 20 ~ 30s,练习 5 次。主试者和受试者达到熟练操作后,再进行正式试验。

⑥ 对同一受试者按上述作法,测 10 次对灯光刺激的单纯反映时,并记录每次测定的反应时间。

在实验过程中,可随时插入只发出“预备”不给予刺激信号,以尽可能避免受试者主观猜测。另外,主试者的操作响声要小,不使受试者受到声音刺激,以免受试者在规定信号到来之前就做出反应动作。

⑦ 按以上方法对同一受试者再测10次对声音刺激的单纯反应时,记录每次测定的反应时间。

⑧ 求出每一受试者单纯反应时间的平均值(认定属实失败的实验数值要去掉),比较不同刺激的反应时。

(3) 综合反应时的测定。

① 选定能分辨出两种感觉的刺激,如视觉刺激可用红灯或绿灯,听觉刺激可用音调不同的两种连续音(约1s)作为感觉刺激信号。可用转换开关装置,使主试者随意使用其中任何一种刺激。若选定视觉刺激时,要把红灯或绿灯规定为受试者做出反应的阳性信号。另一种灯光则为不发生反应的阴性信号,并告知受试者。

② 选择反应时的测定,对同一受试者测10次。刺激信号由5个阳性信号和5个阴性信号进行排列组合。排列顺序不能让受试者知道。每次间隔时间为20~30s。

③ 每次测试主试者先要发出"预备"信号,再经2~4s给予信号刺激(阳性信号或者阴性信号),受试者根据刺激的不同做出相应的反应,并记录对阳性刺激做出的反应时间。

④ 计算受试者选择反应时间的均值,并与单纯反应时间进行比较。

5. 注意事项

(1) 主试者与受试者必须认真按操作要求进行实验。

(2) 在做选择反应实验时,受试者必须根据主试者发出的信号做出相应反应,不得按自己的猜想或者听到预告信号做出反应。

实验四　前庭功能稳定性的测定

1. 实验目的

掌握前厅器官功能稳定性的测定方法。

2. 实验原理

当人的身体或头在空间作直线或旋转的变速运动时,由于产生的直线加速度或角速度的变化,引起前庭感受器的兴奋,从而产生机体在空间的位置感觉与变速感觉,并产生许多反射性反应。如姿势反射(肌紧张发生改变)、眼震颤、植物性功能反映(脉搏、血压、呼吸频率、汗腺活动、消化系统等功能变化)等。前庭感受器受到刺激的强度愈大,这些反应也就表现得愈明显。如果前庭功能的稳定性较好或经常参加体育运动,可提高前庭功能稳定性,其反应程度较小。

试验时让受试者坐在产生角加速度变化的转椅上,头前倾 30°,使水平半规管处于完全水平位置,转动转椅,使受试者被动接受加速度运动的刺激。根据前庭器官受到刺激所引起的反应程度来判断其功能稳定性水平。

3. 实验器材

旋转椅、血压计、听诊器、节拍器、秒表、皮尺、评分表等。

4. 实验步骤

(1) 观察植物性功能的反应。

① 受试者坐在旋转椅上,平静 3min 后,测其安静时的脉搏频率和动脉血压。

② 受试者闭眼,头前倾 30°,以 1 周/2s 的速度均匀地旋转 10 周(采用单方向的旋转)。旋转停止后,立即测出 1 个 10s 的脉搏和血压。

③ 根据旋转前后脉率和血压的变化值,按陆查诺夫和柏钦柯所制定的前庭器功能稳定性评分表(表 2-1)来评定受试者的前庭器官功能稳定性。

表 2-1 前庭器官功能稳定性评分表

脉搏变化(每 10s 次数)		+5	+4	+3	+2	+1	0	-1	-2	-3	-4	-5	-6
收缩压变化(mmHg)	+30			2	2.25	2.5	2.75						
	+26		2.0	2.25	2.5	2.75	3.0	2.5					
	+23	2.0	2.25	2.5	2.75	3.0	3.25	2.75					
	+20	2.25	2.5	2.75	3.0	3.25	3.5	3.0	2.5				
	+17	2.5	2.75	3.0	3.25	3.5	3.75	3.25	2.75	2.0			
	+14	2.75	3.0	3.25	3.5	3.75	4.0	3.5	3.0	2.5	2		
	+11	3.0	3.25	3.5	3.75	4.0	4.25	3.75	3.25	2.75	2.25		
	+8	3.25	3.5	3.75	4.0	4.25	4.5	4.0	3.5	3.0	2.5		
	±5	3.5	3.75	4.0	4.25	4.5	4.75	4.25	3.75	3.25	2.75		
	±2	3.75	4.0	4.25	4.5	4.75	5.0	4.5	4.0	3.5	3	2.5	2
	-5	2.5	3.0	3.5	4.0	4.5	4.75	4.25	3.75	3.35	2.75		
	-8	2.25	2.75	3.25	3.5	4.0	4.25	3.75	3.25	2.75	2.25		
	-11		2.5	2.75	3.0	3.5	3.75	3.25	2.75	2.25			
	-14			2.25	2.5	3.0	3.25	2.75	2.25				
	-17				2	2.5	2.75	2.25					

④ 评分表使用说明。

a. 受试者在安静时脉搏11次/10s,动脉血压116/64mmHg。旋转后的脉搏是13次/10s,动脉血压是122/60mmHg,旋转后脉率增加了2次;收缩压上升6mmHg。从评分表上端的脉率变化+2和表左侧所表示的收缩压变化+8,交叉点为4,即为受试者前庭器官稳定性的评分值。受试者在旋转后脉率和血压的变化越小,所得评分也就越高,说明前庭器官的稳定性好,所查值在3分以下,则为稳定性不良的表现。

b. 收缩压一栏的数字,正数3是表示血压上升的差数,负数代表血压下降的差数。因此,当旋转后血压上升时按正数查表,下降时则按负数查表。

c. 表中收缩压变动数字"±2"一栏,是表示旋转后最高血压变动在+2~-2之间,就按这一行数字查表。表中+5即是变动在+3~+5之间。+8即是变动在+6~+8之间,-5即是变动在-3~-5之间,以此类推。

d. 当脉压没有降低,舒张压变化在±10~±15mmHg时,要在查表所得分中减0.5分。在±16~±20mmHg时减去1.0分在±21mmHg以上时减去1.5分。

e. 如遇到脉压降低时,就不能按收缩压的变化查表,而是把收缩压和舒张压变动数字相加之后按负数查表。

(2) 观察躯体运动性反应。

① 用粉笔在旋转椅前方正中的地面上画一条6cm的直线。

② 受试者坐在转椅上闭眼,头前倾30°,以每周2s的旋转速度均匀地旋转19周。在旋转同时,主试者注意观察受试者,在旋转时身体姿势是否有变化。

③ 令受试者在旋转停止后,立即抬头睁眼,并站立起来尽力控制自己沿直线行走。主试者要注意受试者行走的脚印,并用粉笔做标记。

④ 量出脚印与直线的垂直距离,并注意受试者偏倒的方向。

⑤ 结果评定。

a. 旋转停止后,能沿直线正常行走,或偏离直线不能超过0.25m者,属于前庭器官功能稳定性好,得5分。

b. 旋转停止后,沿直线行走偏离直线不超过0.5m者,得4分。

旋转停止后,沿直线行走偏离直线不超过1m者,得3分。

c. 旋转停止后,2s内站不起来,或沿行走时偏离直线1m以上者,属前庭器官功能稳定性不好,得 2 分,为不及格。

(3) 观察眼震颤。

① 让受试者坐在旋转椅子上,头前倾 30°,闭眼以每 1 周/2s 的旋转速度均匀地旋转 10 周。

② 10 周后突然停止旋转(头仍然保持前倾位),让受试者睁眼,同时开动秒表观察受试者眼震颤的强度、方向、次数以及持续时间。

③ 结果评定。

a. 正常人旋转停止后,应有中等强度、水平性眼震颤,快动相方向与旋转方向相反,持续时间为 15 ~40s。

b. 迷路功能减退者旋转停止后眼震颤消失或减弱,或持续时间缩短。

c. 迷路功能亢进者旋转停止后眼震颤持续时间延长,并伴有眩晕或恶心呕吐等症状。

5. 注意事项

(1) 转椅旋转速度要严格按照规定进行,用节拍器控制不得忽快忽慢。旋转时让受试者坐稳,并加以保护以免有人因眩晕掉下来。

(2) 试验时每组 3 人,1 人为受试者,2 人为主试者,主试者在每项实验前要做好分工。按实验要求及时准确地做好测定与观察,3 人在实验中可轮流进行。

(3) 测定植物性功能反映时,为了尽量做到及时和准确,要在旋转前作好测定准备。如让受试者左上臂扎好血压计血脉带,主试者带好听诊器等,以便旋转停止后,能立即接上血压计的接头,马上进行测量。另一主试者则要做好测量脉率的准备。

(4) 在做行走运动反应观察时,主试者要跟随受试者,注意保护,以免有人因眩晕而跌倒或碰在其他物体上。但也不要扶他,以免影响实验结果。

实验五 血浆的缓冲性质试验

1. 实验目的

了解血浆对酸碱的缓冲能力和血浆在维持内环境 pH 中的作用。

2. 实验原理

体内细胞机能的正常进行要求内环境必须保持相对稳定性。在正常情况下,血液中存在着一个由许多缓冲对组成的完整的缓冲系统,每一缓冲对是由一种弱酸与这种弱酸的盐按一定的比例组成，对进入集体的酸性或碱性物质具有中和作用。机体在代谢过程中不断产生的二氧化碳和酸性物质进入血液后，能够得到及时的中和，从而保持血液正常的 pH。血浆内华宁的维持主要是取决于 $NaCO_3/H_2CO_3$ 的浓度比例。

3．实验器材与试剂

试管、滴定管、玻璃棒、注射器、离心机、甲基橙、酚酞试剂、0.1mol · L^{-1} 盐酸溶液、0.1mol · L^{-1} 氢氧化钠溶液、蒸馏水、生理盐水、抗凝剂（1 000U/mL肝素；1 支 2mL12 500U 肝素，加生理盐水 10.5mL 混匀）。

4．实验步骤

（1）将 5mL 的血液装入离心试管中，并放进离心机内进行离心沉淀，使血浆与血液形成分离。将已分离出来的血浆倒入试管中，以备用。

（2）取 3 支空试管并编号，然后分别向 1 号试管注入 1mL 蒸馏水；2 号管注入 1mL 生理溶液，3 号管注入 1mL 血浆。

（3）向 3 支试管中各加入甲基橙指示剂 1 滴。

（4）用滴定管向滴有血浆的试管即 3 号试管中逐滴加入 0.1mol · L^{-1} 的盐酸溶液，同时记下盐酸溶液的滴数，并注意观察试管中血浆颜色的变化。待血浆呈酸性反应时，即甲基橙由黄变为红色，记录共需盐酸的滴数。

（5）方法同上，分别向装有生理（盐水）溶液（2 号管）和蒸馏水（1 号管）的 2 支试管中滴加 0.1mol · L^{-1} 溶液，待液体呈酸性反应，即甲基橙由黄色变为红色，记录共需盐酸的滴数。

（6）比较 3 支试管中的甲基橙变为红色所需要的盐酸溶液的滴数，即可以看到血浆呈酸性反应所需要的盐酸溶液的数量比蒸馏水和生理盐水多。

（7）另取 3 支空试管分别放入等量（1mL）的血浆、蒸馏水和生理盐水溶液方法同上，用酚酞作指示剂和 0.1mol · L^{-1} 氢氧化钠溶液滴定时，则可看到血浆呈碱性反应，酚酞变为紫红色所需的氢氧化钠溶液的数量比生理盐水和蒸馏水多。

5．注意事项

（1）用作滴定酸和碱的滴定管要分开使用。

（2）用作搅拌每支试管溶液的玻璃棒不得混用。

（3）加酸或加碱时，要边滴定、边搅拌、边观察颜色变化。

实验六 肺通气功能的测定

1. 实验目的

掌握利用肺量计测定肺通气功能的方法,加深对分容量各组成部分和测定肺活量常用指标的理解。

2. 实验原理

肺通气是指肺与外界环境之间的气体交换,其功能的大小可用交换气体量的多少来衡量,与肺容量有关。肺可容纳的最大气体量称肺总容量,它由潮气量、补吸气量、补呼气量和余气量四个部分组成,除余气量外,各部分气量都可用肺量计测定。测定肺通气功能常用的指标为:① 肺活量,② 时间肺活量,③ 每分最大随意通气量。肺通气功能受诸多因素的影响,如胸廓的大小,胸廓和肺的弹性,呼吸肌的力量、速度和耐力,呼吸道的通畅程度等。本实验介绍的三个指标在不同程度上反映了肺的通气功能。

3. 实验器材

COSMED 便携式肺功能仪(型号:Pony FX),配有屏幕图形显示(66X77mm)、打印机及操作键盘,是一套完整的肺功能测量系统。

4. 实验步骤

(1) 肺容量组分的测定。

用鼻夹夹鼻或用手捏鼻,练习用口呼吸后,再接通肺量计,进行各项测定(图2-4)。

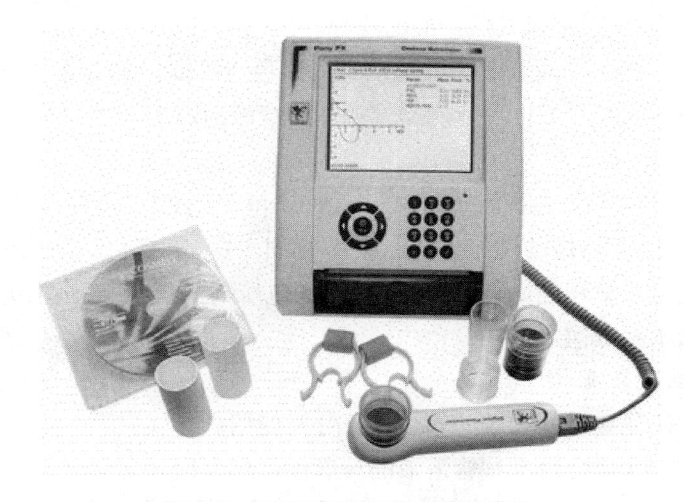

图 2-4 COSMED 便携式肺功能仪

① 潮气量：屏幕出现几次平静呼吸曲线，呼吸或吸气量的平均值即为潮气量。

② 补吸气量：从一次平静吸气之末起，继续做一次最大限度吸气，所能吸入的气量即为补吸气量。

③ 补呼气量：从一次平静呼气之末起，继续呼气直至不能再呼出为止的气量，即为补呼气量。

④ 肺活量：最大限度深吸气后所尽力呼出的气体量为肺活量。

⑤ 时间肺活量的测定：受试者作最大限度深吸气后，以最快速度尽力深呼气至不能再呼时的气量，并计算呼气后第1秒、第2秒和第3秒终末时的呼气量各占肺活量的容量。

（2）每分最大随意通气量。

在15s内做最深最快呼吸，计算15s内呼出或吸入的气量，乘以4，即为每分钟最大随意通气量（L/min）。

5. 注意事项

（1）测试前，受试者应了解测试指标顺序，掌握测试方法。

（2）受试者使用口嘴之前，应进行消毒，做到呼吸口嘴一用一消毒，避免交叉感染。

（3）在测试时，主试者可用言语提示测试顺序。

实验七　通气阈的测定

1. 实验目的

掌握通气阈的测定方法。

2. 实验原理

运动强度缓慢增加时，由于这种强度比较低，运动主要是有氧供能。随运动强度增大，有氧代谢产生的能量满足不了人体的需要，糖酵解代谢供能的比例增多，从而使血乳酸浓度增加。此时，体内碳酸氢盐缓冲系统开始缓冲乳酸，生成乳酸钠和碳酸，使细胞中的CO_2的产生量增加。这样，在有氧代谢所产生的CO_2量中又增加了一种由重碳酸钠缓冲而产生的CO_2量。由于动脉血中的HOC_3^-减少，PCO_2和H^+浓度增加，并刺激了颈动脉体化学感受器及呼吸中枢。为了维持体内正常的酸碱平衡，排除更多的CO_2量而使通气量增强，产生了过多通气。因此，在乳酸阈时出现了通气量（VE）、二氧化碳排出量（VCO_2）非线性增加、CO_2浓度（CO_2%）下降现象。通气阈是判断乳酸阈的一种非损伤性的方法，其判断的方法多采用通气量的急剧上升的开始点来确定。但大多数研究者认为，采用气体代谢的各项指标进行综合性判断比较客观。

3. 实验器材与试剂

功率自行车或者活动跑台、气体自动分析仪、呼吸面罩或口嘴、心率遥测仪、75%乙醇和棉球等。

4. 实验步骤

（1）选定实验仪器操作人员3人，其中气体分析仪器操作者1人，强度控制者1人，管理呼吸口嘴（或呼吸面罩）及安全保护者1人。

（2）受试者称体重，然后安装心率遥测带（或电极），测定受试者坐位安静时心率和气体代谢各项指标（如 VO_2、CO_2、RER、VE 等指标）。

（3）安静时的指标测得后，令受试者上活动跑台（或功率自行车、蹬台阶）。

（4）进行递增负荷运动，测定最大摄氧量的过程中或最大摄氧量出现后确定通气阈的出现。可按 Bruce 方法（活动跑台）或 McArdle 方法（功率自行车）进行测定（表2-2）。

表 2-2　运动时的各种参数

Bruce 方法（活动跑台）			McArdle 方法（功率自行车）		
速度（mph）	斜度（%）	时间（min）	蹬圈数（rpm）	功率（watts）	时间（min）
1.7	10	3	60	0	2
2.5	12	3	60	30	2
3.4	14	3	60	60	2
4.2	16	3	60	90	2
5.0	18	3	60	120	2
5.5	20	3	60	150	2
6.0	22	3	60	180	2

（5）通气阈的判断：以 VE 非线性增加为主，也可以结合 VCO_2 非线性增加、CO_2% 下降现象等多指标联合确定通气阈的出现。这些指标非线性增加或 CO_2% 下降的开始点所对应的时间、VO_2、功率、心率或最大摄氧量的百分数均可视为通气阈值。在测试过程中，可进行力竭运动，也可根据需要确定通气阈出现后停止运动。

（6）气体分析仪中的计算机可预先设计通气阈确定点程序，自动确定通气阈的出现。与此同时，可以将数据以坐标图绘出。例如，横坐标为时间,纵坐标为 VE,随每分钟的运动负荷的渐增,VE 逐渐增加,达一定运动负荷的时间后,VE 可出现非线性的增加,此开始之点所对应的横轴的时间可视为通气阈值的时间,而所对应的纵轴的 VE 数值可视为通气阈值。

5. 注意事项

(1) 与最大摄氧量测定注意事项相同,但通气阈的出现要早于最大摄氧量的出现(60% ~80% VO_2max),根据需要可不必进行力竭运动。

(2) 虽然通气阈的判断有一定的标准,但毕竟是通过视觉的主观判断。因此,需要两人以上的判断,共同确定。

实验八　心输出量的影响因素

1. 实验目的

掌握蛙动、静脉插管技术;通过离体蛙心灌注,观察心室舒张末期容积(前负荷)、动脉血压(后负荷)、心肌收缩力及心率对心输出量的影响。

2. 实验原理

心输出量(cardiac output, CO)是指每分钟一侧心室所射出的血量。它为每搏输出量与心率的乘积,因此,心输出量的多少取决于每搏输出量和心率。每搏输出量取决于心室舒张末期容积和心室射血能力,心室射血能力又与动脉血压及心肌收缩性能有关。所以,影响心输出量的主要因素是心室舒张末期容积、心肌收缩性能、动脉血压和心率。在一定范围内随着前负荷的增加,心肌收缩能力增加,心输出量增加;超过一定范围心输出量反而减少。在一定范围内后负荷的增加可引起前负荷相应增加从而使心输出量保持不变;但超过一定范围心输出量减少,心肌收缩力增加心输出量增加。心率在一定范围内增加,心输出量增加;但超过了一定范围心舒张期充盈不足,可引起前负荷下降,故心输出量反而减少。

3. 实验器材与试剂

蛙或蟾蜍、恒压贮液瓶或生理盐水和葡萄糖液、蛙类手术器械、细塑料管、任氏液、直尺、1mL 注射器、小烧杯、20mL 量筒、肾上腺素(1∶10 000)、铁支架、刺激器、刺激电极等。

4. 实验步骤

(1) 破坏蛙的脑和脊髓,仰卧固定在蛙板上,沿腹白线剖开腹腔和胸腔,露出心脏、腹腔静脉和主动脉。用玻璃分针穿过主动脉下方,将心脏翻向头部,识别静脉窦、后腔静脉(下腔静脉)、肝静脉和前腔静脉的解剖位置。后腔静脉最粗,位于肝叶背侧的深部,须拨开肝叶才能看到。

（2）在后腔静脉下方穿两根丝线,将其中一根穿过主动脉下方,再绕回结扎除后腔静脉以外的全部静脉血管（注意:结扎时勿伤静脉窦）;在后腔静脉做一小切口,随机把恒压贮液瓶相连的塑料管向心插入静脉,并结扎固定。同时让少量液体缓慢输入（注意:恒压瓶要预先装上任氏液,同时排尽整个管道的气体）。

（3）翻正心脏,分离结扎右侧主动脉。在右侧主动脉下方穿线并在动脉圆锥的上方剪一小口,将细塑料管向心插入动脉,并结扎固定。此时可见液体从细塑料管中流出,将细塑料管固定在铁支架上。

（4）恒压贮液瓶中心管口为零点。零点与心脏水平之间的垂直距离决定了心脏的灌流压。所以它的高低表示了前负荷的大小。铁支架上细塑料管的最高点与心脏之间的距离,决定了心脏收缩所需克服的静水压,它的高度代表收缩时后负荷的大小。用刺激电极直接与心脏接触,选择比实验动物自律较高的频率,并能引起心脏收缩的强度的电刺激控制心率。

（5）实验观察:

① 心室舒张末期容积（前负荷）对心输出量的影响:将后负荷固定在20cm 处,将贮液瓶零点置于高过心脏 5cm 处,人工控制心率,用烧杯收集1min 内流出的液体,并量出其容量。缓慢抬高贮液瓶,用肉眼观察,直至动脉插管流出的液体明显增加时,将贮液瓶固定在此高度,测定此时贮液瓶零点高于心脏的距离（假设为 Acm）,并记录 1min 内流出的液体量（即心输出量）。再缓慢抬高贮液瓶,当肉眼观察到动脉插管输出的液体减少时,测定此时贮液瓶零点到心脏的距离（假设为 Bcm）,并记录 1min 内流出的液体量。

在 5cm 与 Acm,Acm 与 Bcm 中点的高度分别测定它 1min 内流出的液体量。以前负荷为横坐标,心输出量为纵坐标,绘制心输出量—前负荷关系曲线。

② 动脉血压（后负荷）对心输出量的影响:将前负荷固定于 20cm 处,后负荷固定于 10cm 处,人工控制心率,记录 1min 内流出的液体量。将动脉插管缓慢抬高,当肉眼观察到流出液体明显减少或完全停止时,测定此时后负荷的高度（Ccm）,并记录 1min 内流出的液体量。

在 10cm 与 Ccm 之间等距离找两点分别测定 1min 内流出的液体量。以后负荷为横坐标,以心输出量为纵坐标,绘制心输出量—后负荷关系曲线。

③ 心肌收缩能力对心输出量的影响：输出肾上腺素（1∶10 000）0.1mL后，重复实验项目②，在实验项目②所绘制的心输出量—后负荷关系曲线上再绘制注入肾上腺素后的心输出量—后负荷关系曲线，并加以比较。

④ 心率对心输出量的影响：将前负荷固定于20cm处，后负荷固定于10cm处，改变人工起搏频率，记录不同频率时的心输出量，绘制心输出量—心率关系曲线。

5. 注意事项

（1）手术时不要损伤静脉窦。

（2）整个实验中管道不要扭曲，输液管道中不得存有气泡。

（3）心脏表面经常滴加任氏液，防止组织干燥。

（4）实验时贮液瓶零点不应太高。

实验九　人体基础代谢的间接测定

1. 实验目的

加深对基础代谢概念的理解，了解和掌握基础代谢的测定与计算方法。

2. 实验原理

基础代谢是指人体在基础状态下的能量代谢率。测定基础代谢率，要求在清晨未进早餐前（即食后8～12h）、静卧及清醒状态下进行，而且室温要保持在18～25℃之间。

间接测热法又称气体代谢法，其方法遵循定比定律原理。该测试方法，关键是准确收集受试者在一定时间内的呼出气，并进行气体分析测算出单位时间内的耗氧量和CO_2的排出量，并由此得出呼吸商，然后查表得出相应的氧热价，用该氧热价乘以单位时间内的耗氧量，即得出单位时间内的产热量。

测量其耗氧量与CO_2排出量的方法，有闭合式和开放式两种。

（1）吸氧量与CO_2排出量的闭合式测定：通常使用代谢率测定器（图2-5），该装置的气体容器中装满氧气，让受试者通过呼吸口罩在备有氧气的密闭容器中进行呼吸。容器钟罩随吸气过程下降，随呼气过程上升，连接钟罩的描笔将随呼吸的曲线记录在记录纸上，根据记录纸上的方格可读出潮气量。由于受试者摄取了一定量的氧气，呼出气中CO_2又被吸

收剂除掉,所以气体容量中的气体会逐渐减少。描记笔记录出曲线逐渐下降的过程。在一定时间内,描笔的总下降高度,就是该时间内的吸氧量。

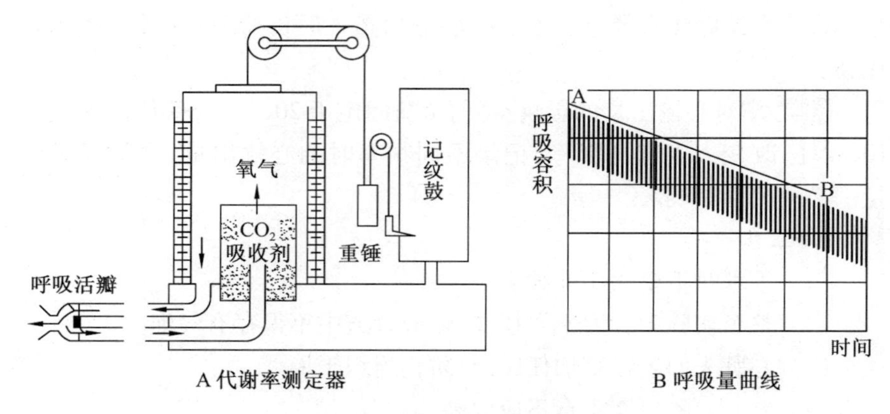

图 2-5　间接热代谢率测定器结构模式图

代谢率测定器能测定受试者一定时间内的吸氧量,由于呼出气中的 CO_2 被吸收剂除掉,所以不能测定 CO_2 的排出量。故此法仅适合测定安静状态下的能量代谢,特别适用于基础代谢的测定。

(2) 吸氧量与 CO_2 排出量的开放式测定:它是在机体呼吸空气的条件下得到耗氧量和 CO_2 产生量的方法,所以称为开放式测定。具体方法是让受试者通过呼吸口嘴进行呼吸,吸入气为空气,呼出气则收集于气袋中(多氏袋),并记录实验的持续时间。实验结束后,测定气袋中的呼出气量并分析呼出气中氧和 CO_2 的容积百分比。根据吸入气(空气)和呼出气中氧和 CO_2 容积百分比的差数和呼出气的总量,可算出单位时间的吸氧量和 CO_2 的产生量,进一步可算出混合性呼吸商。常用此方法测定一般劳动和低强度的有氧运动的能量消耗。

3. 实验器材

基础代谢仪或肺量计、鼻夹、呼吸口嘴、温度计、身高计、体重计、诊察床、钠石灰、酒精棉球、氧气等。

4. 实验步骤

(1) 打开 FJD-80 型肺量计充氧阀门,向内灌注氧气约 6 ~ 7L,随即关闭阀门。

(2) 将钠石灰装入仪器内。

（3）受试者保持清醒、静卧、空腹（实验前 12h 内禁食），肌肉放松，室温保持 18 ~ 25℃之间。

（4）受试者口衔呼吸口嘴，夹上鼻夹，将三通阀门转向外界，练习用口呼吸 1 ~ 2min，习惯后，即转动三通阀门，使之与仪器相通。

（5）开动慢鼓（纸速 0.83mm/s），在记录纸上描记 14 大格，即为 7min 的摄氧量。

（6）测试完毕，关闭吸气阀门，取下鼻夹和呼吸口嘴。令受试者脱去外衣及鞋，测量身高和体重。记录大气压和室温，然后取下记录纸进行计算。

（7）计算：

① 计算摄氧量。在记录纸上沿呼吸曲线上缘画一条与大多数呼吸的波峰相切的直线。选取 12 大格即 6min 的呼吸曲线，在第 1 大格开始和第 12 大格结束处各画一垂线与直线交于 A 和 B，再从 B 点画一水平线与 A 点的垂线交于 C，AC 即为呼吸曲线下降的高度（即浮筒下沉的幅度）。在记录纸上可直接查得 AC 数值，即 6min 的摄氧量，再乘以 10，即可得出每小时的摄氧量（L/h）。

② 计算标准状态下的摄氧量。根据公式 V0 = K × Vt［Vt 为实际摄氧量，V0 为标准状态下摄氧量，K 为标准状态气体换算系数（由表 2-3 可查到）］，把氧耗量换算成标准状态下的气量。

表 2-3　标准状态（STPD）气体换算系数表

		10	11	12	13	14	15	16	17	18	19
695	92.66	0.870	0.867	0.863	0.859	0.855	0.851	0.847	0.843	0.839	0.835
700	93.33	0.877	0.873	0.869	0.865	0.861	0.857	0.853	0.849	0.845	0.841
705	93.99	0.883	0.879	0.875	0.871	0.867	0.863	0.859	0.855	0.851	0.847
710	94.66	0.890	0.986	0.882	0.878	0.874	0.870	0.866	0.861	0.857	0.853
735	97.99	0.921	0.917	0.913	0.909	0.905	0.901	0.897	0.892	0.888	0.884
740	98.66	0.928	0.924	0.919	0.915	0.911	0.907	0.903	0.899	0.894	0.890
745	99.32	0.934	0.930	0.936	0.922	0.917	0.913	0.909	0.905	0.901	0.896
750	99.99	0.940	0.936	0.932	0.928	0.924	0.919	0.915	0.911	0.907	0.902
751	100.12	0.942	0.937	0.933	0.929	0.921	0.921	0.917	0.912	0.908	0.904
752	100.26	0.943	0.939	0.935	0.930	0.926	0.922	0.918	0.913	0.909	0.905
753	100.39	0.944	0.940	0.936	0.932	0.927	0.923	0.919	0.915	0.910	0.906
754	100.52	0.945	0.941	0.937	0.933	0.929	0.924	0.920	0.916	0.912	0.907
755	100.66	0.947	0.942	0.938	0.934	0.930	0.926	0.921	0.917	0.913	0.909

续表

		10	11	12	13	14	15	16	17	18	19
756	100.79	0.948	0.944	0.940	0.935	0.931	0.927	0.923	0.918	0.914	0.910
757	100.92	0.949	0.945	0.941	0.937	0.932	0.928	0.924	0.920	0.915	0.911
758	101.06	0.950	0.946	0.942	0.938	0.934	0.929	0.925	0.921	0.917	0.912
759	101.19	0.952	0.948	0.943	0.939	0.935	0.931	0.926	0.922	0.918	0.913
760	101.32	0.935	0.949	0.945	0.940	0.936	0.932	0.928	0.923	0.919	0.915
765	101.99	0.959	0.955	0.951	0.947	0.942	0.938	0.934	0.930	0.925	0.921
770	102.66	0.966	0.961	0.957	0.953	0.949	0.944	0.940	0.936	0.931	0.927
		20	21	22	23	24	25	26	27	28	29
695	92.66	0.831	0.826	0.822	0.818	0.814	0.809	0.805	0.800	0.796	0.791
700	93.33	0.837	0.832	0.828	0.824	0.820	0.815	0.811	0.806	0.802	0.793
705	93.99	0.843	0.839	0.834	0.830	0.026	0.821	0.817	0.812	0.808	0.803
710	94.66	0.849	0.845	0.840	0.836	0.832	0.827	0.823	0.818	0.813	0.809
735	97.99	0.880	0.875	0.871	0.866	0.862	0.857	0.853	0.848	0.843	0.839
740	98.66	0.886	0.881	0.877	0.872	0.868	0.863	0.859	0.854	0.849	0.844
745	99.32	0.892	0.887	0.883	0.879	0.874	0.869	0.865	0.860	0.855	0.850
750	99.99	0.898	0.894	0.889	0.885	0.880	0.875	0.871	0.866	0.861	0.856
751	100.12	0.890	0.895	0.890	0.886	0.881	0.877	0.872	0.867	0.862	0.858
752	100.26	0.900	0.896	0.892	0.887	0.882	0.878	0.873	0.868	0.864	0.859
753	100.39	0.902	0.897	0.893	0.888	0.884	0.879	0.874	0.870	0.865	0.860
754	100.52	0.903	0.898	0.894	0.889	0.885	0.880	0.876	0.871	0.866	0.861
755	100.66	0.904	0.900	0.895	0.891	0.886	0.881	0.877	0.872	0.867	0.862
756	100.79	0.905	0.901	0.896	0.893	0.887	0.883	0.878	0.873	0.868	0.863
757	100.92	0.907	0.902	0.898	0.894	0.888	0.884	0.879	0.874	0.870	0.865
758	101.06	0.908	0.903	0.899	0.895	0.890	0.885	0.880	0.876	0.871	0.866
759	101.19	0.909	0.905	0.900	0.896	0.891	0.886	0.882	0.877	0.872	0.867
760	101.32	0.910	0.906	0.901	0.897	0.892	0.887	0.883	0.878	0.873	0.868
765	101.99	0.916	0.912	0.907	0.903	0.898	0.893	0.889	0.884	0.879	0.874
770	102.66	0.923	0.918	0.913	0.909	0.904	0.900	0.895	0.890	0.885	0.880

③ 计算产热量。根据呼吸商及氧热价求出机体每小时产热量。一般混合膳食，基础状态下的呼吸商按0.82计算，氧热价为20.18kJ，故每小时产热量为20.18kJ × V。

④ 计算基础代谢值。根据身体表面积测算图(图2-6)查出面积(m^2)。每小时产热量除以体表面积即得每小时单位体表面积的产热量即基础代谢值($kJ/h \cdot m^2$)。

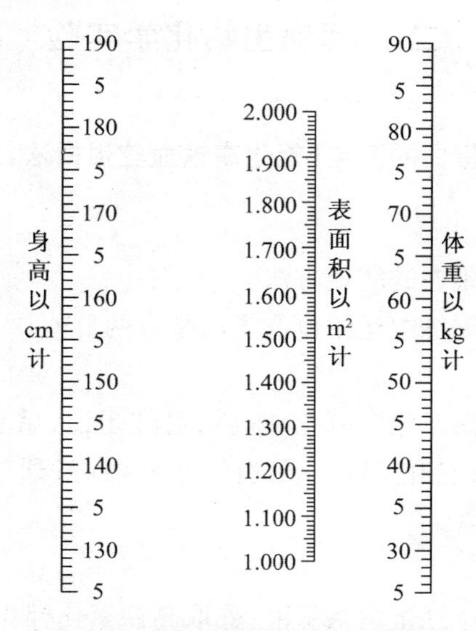

图2-6　我国人身体表面积测算图

按测得的身高(cm)与体重(kg)分别由图2-6中左右二线查出两点,通过该两点连一直线,与中间线相交点的数值即受试者体表面积(m^2)。

⑤ 计算基础代谢率与同性别、同年龄的正常基础代谢平均值(表2-4)比较,求出基础代谢率(BMR)。

BMR=(基础代谢实测值-正常基础代谢平均值)/正常基础代谢平均值×100%

表2-4　我国人正常的基础代谢平均值($kJ/h \cdot m^2$)

年龄(岁)	11~15	16~17	18~19	20~30	31~40	41~50	51以上
男性	195.3	193.2	166.0	157.6	158.5	153.9	143.9
女性	172.3	181.5	153.9	146.3	146.7	142.2	138.4

5. 注意事项

(1) 肺量计中的水,应在实验前4h灌足,使其与室内温度相平衡。

(2) 钠石灰已变为黄色,则不宜再使用。

(3) 呼吸口嘴应事先消毒备用。

(4) 如果仪器静置时浮筒下沉,表明仪器有漏气。如实验开始后呼吸曲线水平下降很快,往往是受试者口角、鼻孔有漏气现象;如果呼吸曲线反而升高,则可能是由于钠石灰失效或有气体漏入。

二、运动生物化学实验

实验一　血红蛋白的测定(氰化高铁血红蛋白法)

1. 实验目的

(1) 掌握血红蛋白的测定方法。

(2) 掌握运动训练中运用血红蛋白指标的价值。

2. 实验原理

血红蛋白被高铁氰化钾氧化成高铁血红蛋白,后者与氰离子结合成氰化高铁血红蛋白,它在 540nm 处有一个吸收峰,通过比色可以测出血红蛋白的含量。

3. 实验试剂

(1) 氰化高铁血红蛋白稀释液:称取高铁氰化钾 0.2g、氰化钾0.05g、磷酸二氢钾 0.12g,用蒸馏水溶解、稀释至 1 000ml,置于棕色瓶内。

(2) 氰化高铁血红蛋白标准液(试剂盒)。

4. 实验步骤

取 3 支试管,编号,按表 2-5 操作。

表 2-5　血红蛋白的测定

	空白管	标准管	测定管
氰化高铁血红蛋白稀释液(ml)	5.0	5.0	5.0
新鲜血液(ml)	—	—	0.02
氰化高铁血红蛋白标准液(ml)	—	0.02	—
充分混匀后,放置 3min,以空白管调零,540nm 波长比色			

5. 计算

$$血红蛋白(g\%) = ODxODs \times C$$

6. 注意事项

(1) 试剂含氰化物,需要严格管理。

(2) 在训练周期中运用这一指标时应固定取血部位(如手指)和取血时间(最好固定在清晨起床前)。

7. 正常参考值

正常值：男性：12% ~16%；女性：11% ~15%。

世界卫生组织（WHO）判断贫血的标准：14 岁以下男女低于 12g%；成年男女低于 11g%。运动员与正常人血红蛋白值相近。

8. 运动训练中血红蛋白指标的应用价值

当持续的激烈运动或运动员机能状态较差时，血红蛋白会下降，这种由于运动引起的血红蛋白下降称运动性贫血。

血红蛋白含量直接影响运动员身体机能和运动能力，尤其是耐力项目运动员专项素质能力。大运动量训练初期，血红蛋白会出现下降；阶段训练后，血红蛋白回升，说明身体对运动量能够适应，机能状况良好，运动能力提高。若血红蛋白未回升或有继续下降趋势，说明技能状况差，对负荷不能适应，应及时调整运动量，加强营养，尤其是铁剂的补充。

在运动员日常训练、赛前及比赛期间，周期性进行血红蛋白测定可评定运动员营养状况、身体机能状况及运动负荷的适应状况；血红蛋白还可作为评定运动员高原训练时对缺氧适应性的指标。

实验二　血糖的测定（葡萄糖氧化酶-过氧化物酶法）

1. 实验目的

（1）学习血糖定量测定的方法，掌握其原理。

（2）了解运动训练中血糖的变化。

2. 实验原理

葡萄糖能被葡萄糖氧化酶（GOD）氧化成葡萄糖酸，并产生过氧化氢，后者与苯酚及4-氨基安替比林在过氧化酶（POD）作用下产生红色醌类化合物，其颜色深浅与葡萄糖浓度成正比。

$$\text{葡萄糖} + O_2 \xrightarrow{GOD} \text{葡萄糖酸内酯} + H_2O_2$$

$$2H_2O_2 + \text{4-氨基安替比林} + \text{苯酚} \xrightarrow{POD} \text{红色醌类化合物} + 4H_2O$$

3. 实验试剂

（1）葡萄糖标准贮存液（10mg = 1ml）：准确称取纯无水葡萄糖 1g，加 0.25% 苯甲酸溶解，并稀释至 100ml。

（2）葡萄糖标准应用液（1.0ml = 1.0mg）：准确吸取葡萄糖标准贮存液 10ml，用 0.25% 苯甲酸稀释至 100ml。

（3）酶制剂（市售药盒）。

(4) 1%苯酚溶液。

4. 实验步骤

(1) 用蒸馏水将1%苯酚稀释至0.1%。

(2) 酶酚混合液的制备:将0.1%的苯酚溶液与等量的酶试剂混合。

(3) 取3支大试管,编号,按表2-6操作。

表2-6 血糖的测定

	空白管	标准管	测量管
血清(ml)	—	—	0.02
葡萄糖标准液(ml)	—	0.02	—
酶酚混合液(ml)	3.0	3.0	3.0
各管摇匀,置37摄氏度水浴中保温20min。			
冷却至室温后,以空白管调零,505nm波长比色。			

5. 计算

葡萄糖(mg%) = ODxODs × 100

葡萄糖(mmol/L) = 葡萄糖(mg%) ×0.055 5

6. 注意事项

(1) 本法对葡萄糖有特异性,不受其他糖存在的影响,亦可用于尿糖测定。

(2) 本法标本用量小,取样时力求准确。

(3) 由于糖酵解仍可在全血中以每小时7%的速率进行,所以应在取样后30min内分离血清,且应避免溶血,防止RBC中葡萄糖-6-磷酸溶入血清,影响结果。

(4) 分离后的血清样本在2~8摄氏度可保存24h,-20摄氏度下可存1个月。

7. 正常参考值

正常人空腹血糖浓度为4.4~6.6mmol/L(80~120mg%),低于3.8mmol/L称低血糖;高于7.2mmol/L称高血糖;血糖浓度为8.8mmol/L称肾糖阈,此时尿中也可测出糖。

8. 运动训练中血糖指标的应用

运动员安静时与普通人血糖正常值无差异,运动时会随运动强度和持续时间出现变化。短时间激烈运动时,主要依靠肌糖原分解供能,血糖供能很少,血糖值变化不大;长时间运动时,骨骼肌吸收利用血糖的过程加强、速度加快,血糖下降。因此可根据血糖的变化,及时补糖,维持血糖水平，延迟血糖下降，有利于推迟运动性疲劳的发生。

实验三 血乳酸的测定

1. 实验目的

（1）学习测定血乳酸的方法。

（2）掌握血乳酸的运动生物化学评定方法及意义。

2. 实验原理

去蛋白血滤液中的乳酸能被热浓硫酸氧化成乙醛，在铜离子存在时，乙醛与对羟基联二苯反应生成紫红色复合物，其显色程度与生成的乙醛成正比，故可用比色方法求出血液中乳酸的含量。

3. 实验试剂

（1）1%的氟化钠溶液。

（2）10%的三氯乙酸溶液。

（3）浓硫酸（GR）。

（4）对羟基联二苯：称取1.5g对羟基联二苯，溶于10ml 15%的NaOH溶液中，待溶解后加热蒸馏水稀释至100ml，冷却后贮存于棕色瓶中。

（5）4% $CuSO_4$溶液。

（6）乳酸标准贮存液（1ml = 1mg）：精确称取乳酸钙或乳酸锂173mg，用蒸馏水溶解至100ml。

（7）乳酸标准应用液（1ml = 10μg）：取1ml储备液，用100ml容量瓶加蒸馏水稀释至刻度。

（8）乳酸空白液：将1% NaF溶液和10%三氯乙酸按1：3体积比混合而成。

4. 实验步骤

（1）制备去蛋白血滤液：取2支离心管，按表2-7操作。

表2-7 无蛋白血滤液的制备

	离心管1
1% NaF溶液（ml）	0.48
新鲜血液（ml）	0.02
10%三氯乙酸（ml）	1.5
充分混匀，离心5min（3 000r /min），将上清液倒入另一离心管。	

(2) 取3支大试管,编号,按表2-8操作。

表2-8 血乳酸的测定

	空白管	标准管	测定管
乳酸空白液(ml)	0.5	—	—
乳酸标准应用液(ml)	—	0.5	—
无蛋白血滤液(ml)	—	—	0.5
4% $CuSO_4$(滴)	1	1	1
浓硫酸(ml)	3.0	3.0	3.0
充分混匀,置沸水浴5min,置于流水中冷却至室温,冷水浴冷却至15℃左右。			
对羟基联二苯(滴)	2	2	2
在液体混合器上充分混匀,置37℃水浴保温15min,其间每5min震摇一次。沸水浴90s,冷水浴冷却至室温。以空白管调零,560nm波长比色。			

5. 计算

$$血乳酸(mg\%) = \frac{OD_x}{OD_s} \times Cs \times \frac{2}{0.02}$$

$$血乳酸(mmol/L) = \frac{血乳酸(mg\%)}{9}$$

6. 注意事项

(1) 浓硫酸对显色影响很大,必须选用纯净浓硫酸。加浓硫酸时,应把试管放入冷水中,慢慢滴加。

(2) 准确控制水浴温度与时间。

(3) 滴加对羟基联二苯时,试管应充分冷却,滴加时防止附着于管壁并充分摇匀。

7. 正常参考值

正常人安静时血乳酸浓度保持在1~2mmol/L,运动时血乳酸的变化与所动用的能量系统有关。

8. 血乳酸的运动生物化学评定意义

运动时血乳酸的变化与所动用的能量系统有关。以磷酸原系统供能为主,血乳酸一般不超过4mmol/L;以糖酵解系统供能为主的运动,血乳酸可达15mmol/L以上;而以有氧氧化系统供能为主的运动,血乳酸在4mmol/L左右。

在训练时可通过测血乳酸峰值的变化掌握运动强度以及运动员代谢

能力的变化。运动后血乳酸浓度变化可评定运动员训练水平及用于选材;还可根据运动后乳酸乳酸的消除速率评定运动员机能能力。

血乳酸测定时取样的时间非常重要,安静值应在早晨起床前安静时采样;运动后血乳酸的测定应根据不同运动项目而定,一般运动强度较低的运动在运动后20s左右取样,中等强度运动在1~6min取样,大强度运动在3~12min取样。在试剂测试时,可多选几次采血时间如(1/3/5……分钟)间隔采样。

实验四　血脂的测定

(一) 血清总胆固醇的测定

1. 实验目的

(1) 掌握血清总胆固醇测定方法的基本原理。

(2) 掌握血清胆固醇的正常值范围及意义。

2. 实验原理

醋酐使胆固醇脱水,脱水胆固醇与硫酸结合,生成绿色化合物,可比色测定,两个化学反应在同一步骤中连续进行。

3. 实验试剂

(1) 单一显色剂:硫脲1.5g,冰乙酸350ml,醋酐650ml,浓硫酸100ml,配制时,先将硫脲溶于冰乙酸和醋酐混合液中,然后慢慢加入浓硫酸,边加边混合,以免发热过多,冷却后置冰箱保存。

(2) 胆固醇标准液:200mg胆固醇溶于100ml冰乙酸中。

4. 实验步骤

取3支试管,按表2-9操作。

表2-9　血脂的测定

容量	空白管	标准管	测定管
蒸馏水(ml)	0.05	—	—
血清(ml)	—	—	0.05
胆固醇标准液(ml)	—	0.05	—
单一显色剂(ml)	3	3	3

充分混匀后,37℃静置10min,取出后以空白管调零,波长600~640nm,在5min内完成比色。

5. 计算

$$胆固醇(mg\%)=\frac{OD_X}{OD_S}\times 200$$

6. 注意事项

（1）标本数量多时，最好分批操作，以便及时比色，避免时间过长而颜色消退。

（2）本实验所用试剂及器材都要求无水。

7. 正常参考值

我国医学界将血清总胆固醇水平大致分为以下三个等级：合适范围5.72mmol/L(220mg/dl)以内，边缘升高5.23－5.69mmol/L(201－219mg/dl)；过高值>5.72mmol/L(220mg/dl)。

（二）血清甘油三酯测定

1. 实验目的

（1）掌握血清甘油三酯化学法测定技术。

（2）掌握血清甘油三酯含量的正常值。

2. 实验原理

用正庚烷-异丙醇混合溶剂抽提血清中的甘油酯，再用氢氧化钾溶液皂化，使甘油游离。游离的甘油被过碘酸氧化生成甲醛，甲醛与乙酰丙酮在氨离子存在下缩合形成3,5-二乙酰-1,4双阳二甲基吡啶黄色衍生物，与同样处理的标准管进行比色，即可测出甘油三酯的含量。

3. 实验试剂

（1）抽提剂：正庚烷：异丙醇＝2∶3.5(V∶V)。

（2）0.04M硫酸。

（3）异丙醇。

（4）皂化试剂：6g氢氧化钾溶于60ml蒸馏水中，再加异丙醇40ml混合，置棕色瓶中室温保存。

（5）氧化试剂：650mg过碘酸钠溶于约100ml蒸馏水中加入77g乙酸铵，溶解后再加入60ml冰乙酸，加蒸馏水至1 000ml，置棕色瓶中室温保存。

（6）乙酰丙酮试剂：0.4ml乙酰丙酮，加异丙醇稀释至100ml，置棕色瓶中室温保存。

（7）甘油三酯标准液：精确称取甘油三酯1.0g于100ml容量瓶中，加抽提液至刻度，配成10mg/ml的储备标准液。临用时，再以抽提液稀释

10倍,即得1mg/ml应用液。冰箱保存。

4. 实验步骤

(1) 抽提。取干试管3支编号,空白管、标准管、测定管,按表2-10所示用吸管准确加入试剂。

表2-10　血清甘油三酯的抽提

容量(ml)	空白管	标准管	测定管
血清	—	—	0.2
标准液(1mg/ml)	—	0.2	—
蒸馏水	0.2	—	—
抽提剂	2.0	2.2	2.2
0.04MH_2SO_4	0.6	0.6	0.6
处理	边加边摇,加完后剧烈振摇15min,然后静置分层。吸出上清液备用(注意不能吸入下层液)。		

(2) 皂化。分别吸取上清液0.5ml置于另3支同样编号的干试管中。各管均加异丙醇2ml及皂化试剂0.4ml,立即摇匀。65℃保温5min。

(3) 氧化及显色。取出各管再加入氧化剂2ml,乙酰丙酮试剂2ml,充分摇匀。65℃水浴保温15min。以空白管调零,420nm波长比色。

5. 计算

$$甘油酸酯(mg/dl)=\frac{OD_X}{OD_S}\times 0.2\times\frac{100}{0.2}$$

正常值: 50~150mg/dl(血清)

6. 注意事项

(1) 要求受检者空腹12h后采血,36h禁酒。

(2) 本实验所用试剂均要A.R级。

(3) 保温时间及温度要求准确,本法显色后的色泽欠稳定,应在1h内完成。

7. 正常参考值

血清甘油三酯含量的正常值:0.56-1.7mmol/L

实验五　血氨的测定

1. 实验目的

(1) 学会测定血氨的方法。

（2）掌握血氨的运动生物化学评定方法及意义。

2. 实验原理

$$NH_3 + \alpha\text{-酮戊二酸} + NADH + H_+ \xrightarrow{GLDH} \text{谷氨酸} + NAD^+ + H_2O$$

谷氨酸测定 340 nm 处吸光度值下降的速率即可计算样品中的 NH_3 含量。

3. 实验试剂

测试试剂盒的试剂成分与浓度(表 2-11)。

表 2-11　试剂盒的试剂成分与浓度

成分			实验浓度
试剂( )	干粉	NADH	0.2mmol/L
试剂( )	酶管	GLDH	≫755μ/ml
试剂( )	缓冲液	α-三乙醇胺	150mmol/L
pH8.6		酮戊二酸	15mmol/L
		$ADPNa_2$	1.5mmol/L
试剂( )		标准液	100μg/dl

4. 实验步骤

（1）测试样本的采集。应取抗凝血作样本，抗凝剂为草酸钾或EDTA，建议采静脉血。样本不能溶血，2～4℃下保存可以稳定 2h，-20℃保存可以稳定 24 h。

（2）取一定量的 RⅢ（按瓶签要求）复溶 R Ⅰ，稳定 10 min 后使用。该液室温可以稳定 8 h，2～8℃可以稳定 2d，取 0.5 ml RⅢ复溶 RⅡ，配成酶液，稳定 1 0 min 后使用，用后立即放冰箱 4～8℃可保留 1 周。

试剂盒测试法测定血氨操作步骤见表 2-12。

表 2-12　血氨的测定

加入物(ml)	对照管	标准管	测定管
工作液	0.8	0.8	0.8
蒸馏水	0.2	—	—
标准液(100μg/dl)	—	0.2	—
样品	—	—	0.2
0.25%铁氰化钾	0.2	0.25	0.25
充分混匀后，30℃保温 5 min，以蒸馏水或空气调零。			
酶液(μl)	4	4	4

充分混匀后，保温10 s开始读数，每15 s读一次，直至1 min，分别计算每1 min对照管、标准管、测定管的吸光度变化值（波长340 nm，1 cm比色杯）。

5. 计算

$$血氨(\mu g/dl)=\frac{OD_x-OD_{空白}}{OD_S-OD_{空白}}\times Cs$$

正常值参考范围：普通人血氨范围19～90μg/dl（注：不同的方法有不同的参考范围）。

6. 注意事项

（1）本试剂盒采用带标准的速率法测定样品中血氨的含量。如果采用终点法测定，酶液应加10μl，同时必须加试剂空白、样品空白及标准空白，20～25℃，反应10 min，然后按终点法方法测定和计算。

（2）溶液变混浊或原始吸光度值 <1.0，不能使用。

（3）如果血氨浓度 >700μg/dl，则将样品用生理盐水稀释后重测，结果乘以稀释倍数。

7. 正常参考值

正常安静时，血氨水平较低，在20～113μmol/L（注：测试方法不同，正常值范围不同）。运动员血氨处于正常范围，运动可引起体内氨的生成与消除之间的平衡被破坏，使血氨升高。

8. 血氨的运动生物化学评定方法及意义

氨是蛋白质和氨基酸的氨基代谢产物，血氨水平可反映氨进入血液及从中消除的动态平衡。

正常安静时，运动员血氨处于正常范围，运动可引起体内氨的生成与消除之间的平衡被破坏，使血氨升高，表现为高氨血症。血氨水平受运动强度、训练效果、疲劳效应等因素影响，可用于评定运动强度、训练水平，也是反映集体疲劳的一个指标。血氨测定时，一般在运动后即可取血。

实验六　血尿素氮的测定（二乙酰一肟法）

1. 实验目的

（1）学习血尿素氮的测定方法。

（2）掌握血尿素氮指标在运动实践中的应用。

2. 实验原理

去蛋白血滤液中的尿素，在强酸性的条件下，与二乙酰一肟和硫氨脲共热，生成红色的二嗪衍生物，其颜色深浅与尿素含量成正比，通过与同样处理的尿素氨标准溶液比色，可求出血尿素氮的含量。

3. 实验试剂

（1）1%的氟化钠溶液。

（2）10%的三氯乙酸溶液。

（3）二乙酰一肟-硫氨脲溶液：称取二乙酰一肟600mg，硫氨脲30mg，加蒸馏水溶解，稀释至100ml，冰箱保存。

（4）混合酸液：浓硫酸（85% ~87%）35ml，浓硫酸80ml，缓缓加入800ml蒸馏水中，冷却后加蒸馏水至1 000ml。

（5）尿素氮标准贮存液（1ml = 1mg 氮）：准确称取尿素（A. R）0.2143g置于100ml容量瓶中，用1%硫酸溶解，稀释至刻度。

（6）尿素氮标准应用液（1ml =0.01mg 氮）：准确吸取贮存液1ml，用1%硫酸稀释至100ml。

（7）空白液：取1份0.1%氟化钠和3份10%的三氯乙酸混合而成。

4. 实验步骤

（1）制备去蛋白血滤液：吸取0.48ml 0.1% NaF溶液置于离心管中，采手指血20μl溶于其中。摇匀后加入1.5ml 10%的三氯乙酸，充分摇匀，离心5min（3 000r/min）。取上清液于另一小试管中备用。

（2）取3支大试管，编号，按表2-13操作。

表2-13 血尿素氮的测定

	空白管	标准管	测定管
空白液（ml）	0.5	–	–
尿素氮标准应用液（ml）	–	0.5	–
去蛋白血滤液（ml）	–	–	0.5
二乙酰一肟—硫氨脲溶液（ml）	0.5	0.5	0.5
混合酸液	3.0	3.0	3.0
充分混匀后，沸水浴10min，置于流水中冷却至室温，以空白管调零，500nm波长比色。			

5. 计算

$$血尿素氮(mg\%) = \frac{OD_x}{OD_s} \times Cs \times 稀释倍数 = \frac{OD_x}{OD_s} \times 1 \times \frac{2}{0.02} = \frac{OD_x}{OD_s} \times 100$$

$$血尿素(mg\%) = 血尿素氮(mg\%) \times \frac{60}{28}$$

血尿素(mmol/L) = 血尿素氮(mg%) ×0.375

6. 注意事项

(1) 沸水浴时间对显色程度影响很大,应该严格控制。

(2) 二乙酰一肟-硫氨脲溶液不能久置,若有结晶析出应该重新配置。

(3) 运动实践中利用这一指标时,可以分别在运动前、后及次日晨取血。

7. 正常参考值

正常人血尿素安静值为3.2 ~7.0mmol/L。运动员的安静值与普通人一致。一般超过30min以上的运动会使血尿素含量有明显增加。

8. 血尿素氮指标在运动实践中的应用

血尿素是评定运动量、机体疲劳程度及运动训练后机能恢复状况的良好指标。在评定运动量时,一般在运动前及运动后30 ~60min取血,若血尿素≥8mmol/L(血尿素疲劳阈值),且较运动前升高2mmol/L以上,说明运动量过大,机体不能适应,运动员已达疲劳状态。

在评定机能恢复状况时应分别在训练前、后及次日晨取血;评定一个训练周期情况时,应在周期初始、中间及结束时分别取晨血跟踪测试。

实验七　尿蛋白的定量测定(双缩脲法)

1. 实验目的

(1) 学习尿蛋白的测定方法。

(2) 掌握尿蛋白指标在运动训练中的应用。

2. 实验原理

蛋白质分子中含有许多肽键,在碱性溶液中能与 Cu^{2+} 作用产生紫红色络合物(—CONH—),与双缩脲分子结构(H_2N—CO—NH—CO—NH_2)相似,故称双缩脲反应。其紫红色络合物颜色的深浅与蛋白质浓度成正比,可用比色法测定其含量。

3. 实验试剂

(1) 15N 硫酸溶液。

(2) 1.5%钨酸钠溶液。

(3) 双缩脲试剂。

① 称取硫酸铜($CuSO_4 \cdot 5H_2O$)1.5g,加蒸馏水约200ml,加热溶解,冷却。

② 称取酒石酸钾钠（$C_4H_4O_6KNa \cdot 4H_2O$）6g，加蒸馏水约 300ml，加热溶解。

③ 将上述溶液混合，加入 10% NaOH 溶液 300ml，混合后加蒸馏水至 1 000ml，此试剂可长期保存。

④ 标准蛋白溶液（1ml = 0.5mg）：准确称取 50mg 牛血清蛋白粉末，用少量 10% NaOH 溶液湿润溶解，加蒸馏水至 100ml，4 ℃冰箱保存。

4. 实验步骤

（1）用塑料杯留取尿液（0 如测 24h 尿蛋白，则需将 24h 尿液混匀后留样）。用 pH 试纸测试尿液酸碱度，若 pH 超过 8.0，用少量 30% 乙酸调节至中性偏酸，用尿蛋白试纸做定性测试，若尿蛋白在“+++”至“++++”之间，则须将尿液稀释 5 倍。

（2）取一支大离心管，标号，按表 2-14 操作。

表 2-14 尿蛋白的提取

	离心管
尿液或稀释尿液（ml）	5.0
15% 硫酸溶液（ml）	2.5
1.5% 钨酸钠溶液（ml）	2.5
充分混匀后，静置 10min，离心 5min（3 000r/s），倾去上清液，将试管倒置沥干，保留沉淀。	

（3）另取 6 支大试管分别作为空白管及标准管 1～5，上述含沉淀物的离心管为测定管，标号后按表 2-15 操作。

表 2-15 尿蛋白定量测定

空白管		标准管					测定管
		1	2	3	4	5	
生理盐水（ml）	1.0	0.8	0.6	0.4	0.2	—	1.0
标准蛋白液（ml）	—	0.2	0.4	0.6	0.8	1.0	—
双缩脲试剂（ml）	4.0	4.0	4.0	4.0	4.0	4.0	4.0
充分混匀后，置 37℃水浴 15min，以空白管调零，540nm 波长比色。							

5. 计算

（1）标准管法：

$$尿蛋白（mg\%）= \frac{OD_X}{OD_S} \times C_s \times 尿液稀释倍数$$

(2) 绘制标准曲线,查出测定管结果。

6. 注意事项

尿液较混浊时,应先加热清除无机盐结晶。

7. 正常参考值

正常人尿蛋白含量在2mg%以内,24h总量为10~150mg,用一般方法不易检测出来,称尿蛋白阴性。运动可引起尿蛋白增多,称运动性尿蛋白。尿蛋白的测定可作为评定运动负荷、身体机能状况及恢复情况的生化指标。

8. 尿蛋白指标在运动训练中的应用

应用时,一般采集晨起安静时尿液与运动后15min尿液进行比较,以评定一次运动负荷的大小。运动量大,尤其强度越大,尿蛋白生成量越多。采集运动后4h或次日晨尿液,可观察身体机能状况及恢复情况。若发现运动后4h或次日晨尿蛋白下降到正常值,说明机能已恢复;若仍在较高水平,则说明尚未恢复。在完成相同运动负荷或比赛时若尿蛋白稳定,说明机能状态良好,机能状态下降时尿蛋白明显增加;训练水平提高后,在完成相同运动负荷或比赛后尿蛋白会出现下降趋势;连续测试若发现恢复时间延长,则说明机能水平下降。

影响运动性尿蛋白的因素较多,如机能状况、训练手段、情绪、环境、年龄等,且存在个别差异,因此,可在一个训练周期中进行跟踪测试,根据个体尿蛋白变化规律评定训练负荷、系统检测机体对训练负荷的适应情况。

实验八　尿肌酐的测定(碱性苦味酸法——jaffe反应法)

1. 实验目的

(1) 学习尿肌酐测定方法。

(2) 掌握尿肌酐系数指标的计算及其在运动实践中的作用。

2. 实验原理

无蛋白尿液中的肌酐与碱性苦味酸盐反应,生成橙红色的苦味酸肌酐("jaffe"氏反应),其生成量与肌酐含量成正比,用比色法即可求出尿中肌酐含量。

苦味酸+肌酐→苦味酸肌酐(橙红色复合物)

3. 实验试剂

(1) 饱和苦味酸溶液:称取苦味酸15g置于大烧杯中,加蒸馏水至

1 000ml，加热助溶，冷却至室温，瓶底若有结晶析出，表示以饱和，取上层清液备用，储存在棕色瓶中。

（2）10%氢氧化钠溶液。

（3）碱性苦味酸试剂：将饱和苦味酸和10% NaOH 溶液按5∶1体积比混合，临用时配置。

（4）肌酐标准贮存液（1ml = 1mg）：标准称取纯肌酐 0.1g 置于100ml 容量瓶中，加10%盐酸溶解稀释至刻度。此溶液在4℃冰箱内可以长期保存。

（5）肌酐标准应用液（1ml = 0.1mg）：准确称取贮存液 10ml 于100ml 的容量瓶中，加入10%盐酸10ml，再加蒸馏水至刻度。此溶液可以在4℃冰箱内保存1周。

4. 实验步骤

（1）制备稀释尿液（1∶100）：收集受试者24h 尿液，混匀后取0.1ml置大试管中，加9.9ml 蒸馏水，摇匀。

（2）取3只大试管，编号，按表2-16 操作。

表 2-16　尿肌酐的测定

	空白管	标准管	测定管
肌酐标准应用液（ml）	—	0.5	—
稀释尿液（1∶100）（ml）	—	—	5
10% NaOH 溶液 ml	0.2	0.2	0.2
蒸馏水（ml）	5.0	4.5	—
饱和苦味酸溶液（ml）	1	1	1
充分混匀后，放置10min，以空白管调零，520nm 波长比色。			

5. 计算

$$尿肌酐(mg\%) = \frac{OD_X}{OD_s} \times 10 \times 100 \times \frac{0.5}{5} = \frac{OD_X}{OD_s} \times 100$$

$$24h\ 尿肌酐量(mg) = \frac{尿肌酐(mg\%) \times 24h\ 尿量(ml)}{100}$$

$$尿肌酐系数 = \frac{24h\ 尿肌酐量(mg)}{体重(kg)}$$

6. 注意事项

（1）显色反应。10～15min 内完成比色，若时间过长，尿液中其他物质也能与碱性苦味酸起非特异性反应而影响结果。

（2）若测定管显色过深，应再将尿液稀释，结果乘以稀释倍数即可。

7. 正常参考值

正常人尿肌酐日排出量较为恒定：男子 1.0 ~ 1.8g，女子 0.7 ~ 1.0g。24h 每千克体重排出的尿肌酐毫克数称尿肌酐系数。正常人尿肌酐系数为：男子 18 ~ 32mg/kg 体重，女子 10 ~ 25mg/kg 体重。

8. 尿肌酐指标在运动实践中的作用

尿肌酐日排出量与肌肉中磷酸肌酸和肌酸的含量有关，运动员尿肌酐系数高于常人，一般为 25 ~ 40mg/kg 体重，不同项目的运动员其系数也不同，力量、速度项目（如短跑、举重、投掷等）运动员尿肌酐系数可高达 36 ~ 42mg/kg 体重，且尿肌酐的日排出量与运动成绩高度相关。

在运动员机能评定中，尿肌酐系数可作为力量素质与速度素质的评定、选材、训练效果的检测指标，尿肌酐系数高是肌肉机能好的反映，反之，可能是肌肉机能下降的结果。

第3单元　综合性实验

一、运动生理学

实验一　视觉机能的测定

（一）视力测定

1. 实验目的

了解视力表的原理;掌握测试视力的方法。

2. 实验原理

视力,即视敏度,是指黄斑部中心凹的视力功能,也就是眼分辨得出小目标物的能力。通常以能分辨顶点间的最小视角为衡量标准。相距5米远,空间两点距离为1.5毫米的视角为1分角。临床规定,当视角为1分角时,能分辨两个可视点成看滑细致形象的视力为正常视力。视力表就是根据视角的原理制定的。

目前我国规定视力测定采用标准对数视力表(5米距离两用式),受试者视力可用小数记录或5分记录。两者的推算公式如下:

$$\text{受视者视力} = \frac{\text{受试者辨认某字的最远距离}}{\text{正常视力辨认该字的最远距离}} = \frac{2.5}{5} = 0.5$$

受视者视力(5分记录):$5 - \log\alpha'$(α'为视角)

视力表每行字旁边的数字即依上式推算而来的,表示在5米处能辨认该行字的视力。如受试者在5米远处能辨认第10行的E字,则受试者视力$=5/5=1$,或视力$=5-\log1=5$。

3. 实验器材

标准对数视力表、指示棍、遮眼板、米尺。

4. 实验步骤

(1) 将视力表挂在光线均匀而充足的场所,其高度以表上第十行字母与受试者眼睛平视为准。受试者站立或坐在距离视力表5米远的地方。

(2) 受试者自己用遮眼板遮住一眼,用另一眼看视力表,按实验者的指点说出表上的字或图形。由表上端的大字或图形开始向下测试，直至测试到受试者能辨认清楚最小的字行为止。依照表旁边所注的数字来确定其视力。检查时倘若对某行标记部分能够看对，部分认不出，如“0.8”行有三个字不能辨认，则记录“0.8－3”，如该行只能认出三个字，则记录为“0.7＋3”，余类推。

（3）若受试者对最上一行字也不能辨认清楚，则令受试者向前移动，直至能辨清最上一行字为止。测量受试者与视力表的距离，再按上述公式推算出视力。计算方法为：视力＝0.1×被检者所在距离（米）/5（米）。例如，4米处能认出则记录“0.08”（0.1×4/5＝0.08）；同样，如在2米处认出，则为“0.04”（0.1×2/5＝0.04）。

（4）如被检者在1米处尚不能看清“0.1”行标记，则让其背光数医生手指，记录能看清的最远距离。例如在30cm处能看清指数，则记录为“30cm指数”或“CF/30cm”。

如果将医生手指移至最近距离仍不能辨认指数，可让其辨认是否有手在眼前摇动，记录其能看清手动的最远距离。如在10cm处可以看到，即记录为“HM/10cm”。

（5）用同样的方法检查另一眼的视力。

5. 注意事项

（1）视力表处光线要充足，受试者测试时勿压眼球。

（2）受试者距视力表距离要准确。

（3）安装视力表应注意：

① 表面须清洁平整。

② 表的高度以表上1.0视力（对数视力表上5.0）的标记与被检查的眼等高为准。

（二）视野的测定

1. 实验目的

掌握视野测定方法。

2. 实验原理

视野：当一眼注视一目标时，除了看清这个注视目标处以外，同时还能看到周围一定范围内的物体，当眼球固定注视正前方一点所能看到的空间范围叫做视野。视野的大小取决于视网膜上圆柱细胞与圆锥细胞的分布情况、人的面部骨骼结构以及视野感觉皮层部分的机能状态。

3. 实验器材

视野计、各色色标、视野图纸。

4. 实验步骤

(1) 视野计有固定式和手持式两种,其手持式视野计的主要构造为一能旋转的半圆弧金属架,其上面刻度为0°~90°。视野计背面有一圆形分度盘。此外,还有不同颜色的视标数支(图3-1)。

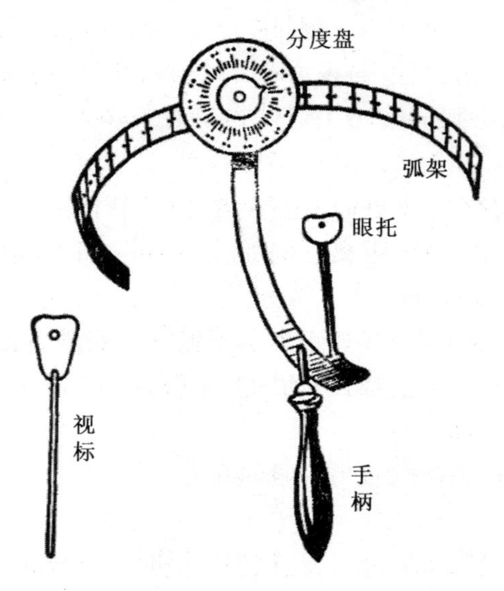

图3-1 视野计

(2) 实验时,受试者背向光源,手持视野计。

(3) 下颌靠在视野计的托颌架上,调节高低,使眼睛恰与托颌架中心点的小镜子在同一水平面。用手或遮眼小板遮藏一眼,另一眼注视前面的小镜子。

(4) 旋转弧架到水平位置,主视者手持视标在弧架内侧面从外向中央慢慢移动,并随时询问受试者是否看见了视标,让受试者说出视标的颜色。回答正确后,将视标前、后移动或换一种颜色,重复测试一次,结果一致时,读出视标所在的刻度,并将该视标所在读数记在视野表相应经线上。

(5) 依次转动弧架,继续检查45°、90°、135°、180°、225°、275°、315°、360°各方位的视野。检查完毕后,将上述所测8个点连接起来就构成该颜色的视野图(图3-2)。

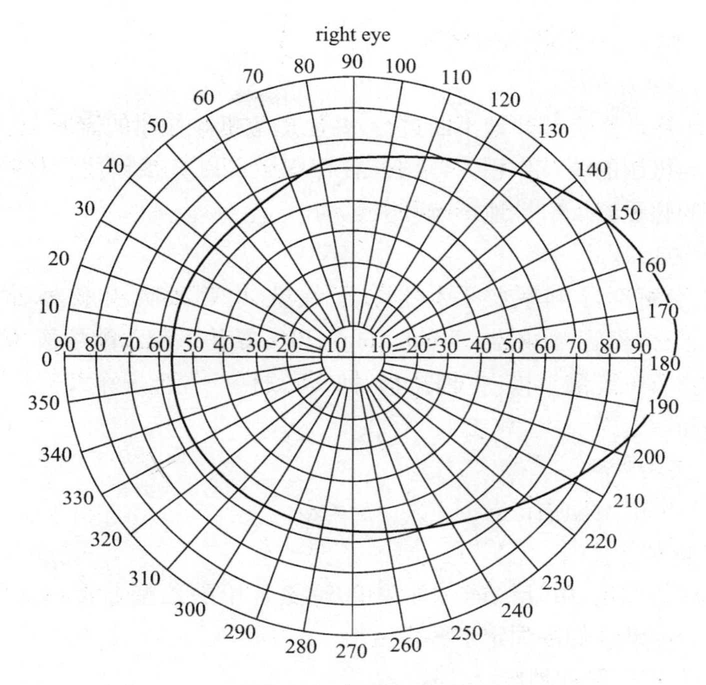

图 3-2　右眼视野图

（6）同法可测定眼的各种颜色的视野。用彩笔画在视野表上。

（7）用同法测出另一眼的视野。

5. 注意事项

（1）最好在正式实验之前先试做一次，待受试者掌握实验方法后正式开始。

（2）在实验过程中，常易发生受试者猜测的现象。为了避免这种情况，可采取以下措施：

① 可以先对受试者说明实验的意义，要求他实事求是地参加实验。

② 测定不同颜色的视野时，视标的顺序可经常更换，避免受试者掌控实验人员的规律。

③ 假如发现受试者有眼移动或猜测的可疑情况时（如视野范围过大，超过一般正常人），可重测一次，来验证所测结果是否正确。

实验二　呼吸运动的调控

1. 实验目的

学习用二道生理记录仪描记呼吸的方法，观察各种刺激对呼吸运动的影响,加深对呼吸调控的理解。

2. 实验原理

呼吸运动能有节律地不断进行,并能适应机体代谢的需要,这些都有赖于神经机制的调节作用。体内外各种刺激可以直接作用于中枢,或通过不同的感受器反射性地影响呼吸运动。

3. 实验器材

兔、兔解剖台、哺乳类手术器械、记纹鼓、电刺激器、电磁标、滑轮、气管套管、长橡皮管、注射器(50ml、5ml)、20%氨基甲酸乙酯溶液、0.1%氰化钾溶液、3%乳酸溶液、生理盐水、钠石灰瓶(一端连一个装有空气的气球)、纱布、线。

4. 实验步骤

(1) 呼吸运动描记。

① 麻醉。

将动物称重,由耳缘静脉注射20%氨基甲酸乙酯溶液($g \cdot kg^{-1}$)。将麻醉后的动物仰卧固定于手术台上。

② 分离气管和神经。

手术时沿颈部切开皮肤,分离气管并剪开气管,插入气管套管,将气管套管结扎固定,分离出颈部两边迷走神经,穿线备用。

③ 连接实验装置。

描记呼吸运动的方法很多。根据实验目的不同可选择不同的实验方法,如气鼓描记法和膈肌运动描记法。

a. 气鼓描记法。

将气鼓的铁管与气管插管的一个侧管,用适当粗细的橡皮管连接。呼吸气流的冲击,使气鼓上的橡皮膜上下移动,置于其上的描记杠杆也随其频率与振幅上下移动,在记纹鼓上描记出呼吸曲线。此种描记方法基线稳定,能较好地反映动物的呼吸频率。但在某种情况下,由于受气鼓底盘限制,不能真实地反映呼吸深度。此外在刺激呼吸中枢或观察某种活动时,常使呼吸停在吸气或呼气状态,故此类实验不宜使用这种方法。

b. 膈肌运动描记法。

在剑突下方沿腹白线向下做1~4cm左右之切口,暴露剑突软骨,并剪去约3mm,此时可观察到在剑突内侧面附有两块小膈肌片。用蛙心夹夹住肌片或游离软骨片,夹子上的丝线绕过一小滑轮连于记录杠杆,然后按图3-3所示连接实验装置。(如用二道生理记录仪—机械换能器装置时，只要将膈肌夹子上的连线连接于机械—电换能器的悬梁臂上，换能器则连接至二道生理记录仪前置放大器的输入端，就可进行信号放大记录，生理记录仪的参数可采用灵敏度 2 ~ 3mV · cm^{-1}，滤波 10Hz；直流（DC）输入；时间标记 10s；纸速 1 ~ 2.5mm · s）。动物在呼吸时，此肌片随膈肌的节律性收缩而收缩。经滑轮和杠扞描笔将呼吸运动的曲线描记在记纹鼓上。此方法可反映动物的呼吸频率和呼吸深度。但动物稍有挣扎时，基线有较大随波动，应再调整描记系统。

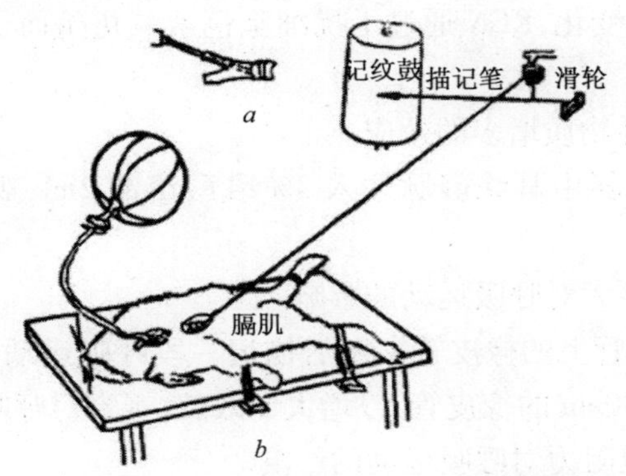

a. 细导管插入气管套管　b. 实验装置图

图 3-3　呼吸运动调节的实验装置

（2）呼吸运动的影响因素。

① 二氧化碳对呼吸运动的影响。

将气管插到的一侧开口与二氧化碳气球之开口相连，另一侧管堵塞，打开二氧化碳气球开口上的旋钮，观察呼吸运动的变化（二氧化碳可用无水碳酸钠与浓硫酸反应，如图 3-4 所示）。

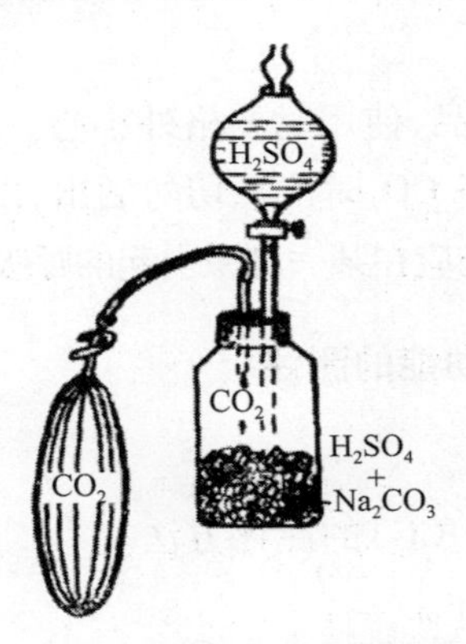

图 3-4　制备二氧化碳装置

② 缺氧对呼吸运动的影响。

待呼吸恢复正常，再做本项实验。方法有两种：

a. 将气管插管的一侧开口通过一钠石灰瓶与盛有一定量的空气的气球相连。另一侧管被阻塞，使动物呼吸气球中空气，动物呼出 CO_2 可被钠石灰吸收，随着呼吸的进行，气球的氧越来越少。观察其呼吸运动的变化。

b. 用 1ml 注射器由耳缘静脉注射 0.1% KCN 溶液（$0.5mg \cdot kg^{-1}$），观察呼吸运动的变化，KCN 通过干扰细胞色素氧化酶而干扰组织对氧的利用。

③ 血中酸性物质增多的效应。

用 5ml 注射器由耳缘静脉注入 3% 乳酸溶液 2ml，观察呼吸运动的变化。

④ 无效腔增大对呼吸运动的影响。

将气管一侧管上的橡皮管夹闭后描记一段呼吸运动，再在另一侧管连接一长 50 ~ 100cm 的橡皮管，以增大无效腔，观察对呼吸运动的影响。

⑤ 增大气道阻力对呼吸运动的影响。

除去气管插管上长橡皮管，使呼吸恢复到原有水平。此后，部分阻塞该管之侧管，观察对呼吸运动的影响。

⑥ 迷走神经在呼吸运动中的作用。

先后剪断两侧迷走神经，分别观察对呼吸运动的影响。

⑦ 刺激坐骨神经对呼吸运动的影响。

最后在一侧大腿后部分离出坐骨神经，然后再刺激坐骨神经，观察呼吸运动的变化。

5. 注意事项

（1）KCH 是剧毒商品，使用时要格外小心。

（2）用浓 H_2S0_4 制备 CO_2 时注意切勿洒出，以免腐蚀。

（3）每个观察项目均应在某一刺激引起的呼吸变化恢复正常后再进行。

实验三　心脏泵血功能的测评

1. 实验目的

学习心脏泵血功能（ICG）的测评方法。

2. 实验原理

当身体的某一阶段或区域，由于某种原因引起其容积的扩张或缩小时，该段的电阻会随之变化。生物体内短暂的容积变化，则主要是血流的流动所造成。因此，血液流动造成身体某一节段的容积变化，容积变化引起相应的电阻抗变化，记入此种抗阻变化，即可间接推测血流情况。

ICG 检测是利用电阻抗技术探测心输出量等心脏血流动力学的无创伤性检查方法，通过同步记录 EGG、阻抗微分 dz/dt 和颈动脉图（CPT）3 路电生理信号，仪器自动识别图中的 5 个生理标志点，经分析处理可输出每搏量（SV）、心输出量（CO）、每搏功（SW）等 18 个生理参数。

3. 实验器材

心阻抗仪（MCA-3C 型心脏功能信息综合检测仪）、75% 乙醇、生理盐水、脱脂棉等

4. 实验步骤

（1）启动 MCA-3C 型心脏功能信息综合检测仪，受试者仰卧 3 ~ 5min，用 75% 乙醇对电极设置部分进行皮肤脱脂，等挥发后再用生理盐水涂擦以利于导电。心电电极按标准Ⅱ导联放置（左腿—绿、右腿—黑、左腿—红），颈动脉传感器放置在左侧或右侧颈动脉搏动处，抗阻电极按照图 3-5 放置，E1、E4 红色，为发射电极，在外圈；E2、E3 黑色为接受电极，在内圈；阻抗带位置与剑突部位平齐。

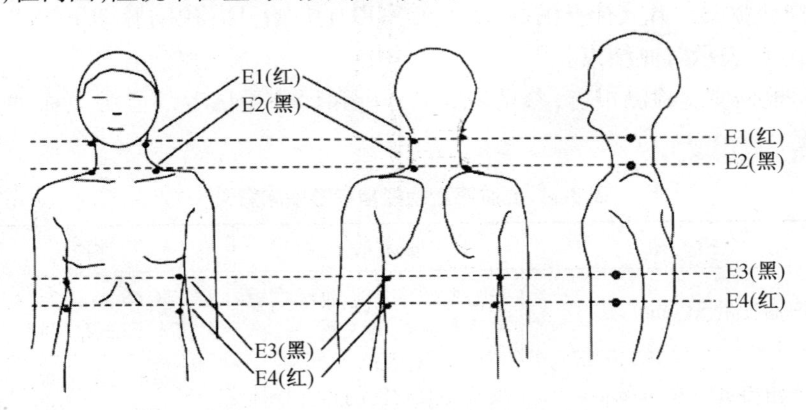

图 3-5　抗阻电极放置方法

（2）主菜单下直接键入“5”，使系统进入 ICC 检测的子菜单。将仪器的面板选择开关分别设置为“定标、正常、2、时域”。

（3）键入“0”，系统将测量并显示基础阻抗（Zo），测试完毕后回车则开始 dz/dt 定标，显示采样，并计算出定标值。仪器面板选择“测量”，调节“心电”、“阻抗微分”、“颈动脉”增益旋钮，使 3 路生理信号的波形规

范、幅度适宜并无干扰。键入“1”,进行记录,再输入受试者身高、体重、电极距离,然后返回子菜单。

(4) 键入“2”,显示记录波形,若波形不理想可重新采集记录,再键入“3”,存盘;键入“7”可观察数据盘目录,若磁盘已满或出错将报警;键入“4”可读出原始数据。

(5) 键入“5”,系统将进行自动分析,在系统完成5个周期的自动找回点后便进入人工校正状态,依据采集的心电波形,判断4种心电模式中的属性,并按数码键选择属性。通过1~5的标志点选择和箭头键左右进行人工校正。每标志点校正结束后,按“空格键”通过。若自动找点正确,不需要修正时,可打“空格键”通过。

(6) 键入“6”,系统将提示用户输入受试者的有关信息,然后打印检测报告。键入“Q”返回主菜单。

(7) 指标分析。

电极间的距离为胸前两黑色带内侧距离和背后两黑色带内侧距离的平均值。

标志点:

R:QRS波顶点;Q:QRS波起始点;Zm:dz/dt波形图上幅度最高点;U:颈动脉图上升支徒升的起点,左心室射血开始;IN:颈动脉图下降支的初始点,表示射血结束。

根据实验检测报告,参见表3-1分析和评价受试者的心脏泵血功能情况。

表3-1 心脏泵血功能指标及临床意义

指 标	临床意义	正常值
每搏输出量SV(ml)	与心肌收缩和心肌纤维短速率呈正比例关系	男:73.48 + ±22.11 女:71.62 ±21.34
每分输出量CO(ml/min)	反映心泵功能的重要指标	男:4 535.67 ±790 女:4 660.93 ±1047
心脏指数CI(L/min/m^2)	反映心泵功能的重要指标	男:2.70 ±0.52 女:3.07 ±0.96
收缩强度指数	反映心肌损伤的指标,心梗患者加大	男:13.65 ±1.75 女:13.43 ±4.37
每搏功SW(kg.m)	反映心肌一次做功的能力	男:0.085 ±0.017 女:0.08 ±0.024

续表

指　标	临床意义	正常值
每搏功指数 I（kg. m/m^2）	按体表面积计算每搏做功能力	男：0.052 ±0.013 女：0.054 ±0.017
每分功 CW(kg. m/min)	反映心肌每分钟的做功能力	男：6.156 ±2.043 女：5.414 ±1.504
每分功指数 I(kg. m/min/m^2)	做功能力	男：3.527 ±0.892 女：3.599 ±1.125
总外周阻力 R 达因. S. cm^{-5}	反映全身小动脉紧张性的指标	男：1 565.05 ±445 女：1 598.47 ±491
血管弹性 C(ml/torr)	反映血管弹性的重要指标，当动脉硬化时减少	男：2.01 ±0.53 女：2.02 ±0.53

5. 注意事项

（1）电极的放置位置要求脱脂，放置要准确，否则影响心电图波形。

（2）实验前，受试者不能吸烟、喝酒。

（3）避免服用一些影响实验结果的药物，如硝酸甘油、咖啡因、麻黄素、心得安等。

实验四　人体安静与运动过程中心率和动脉血压的测评

1. 实验目的

掌握人体安静时心率和动脉血压的测定方法，观察运动对心率和动脉血压的影响。

2. 实验原理

（1）心率测定。

心率测定的方法有心音听诊法、指触法和心率遥测法。

心脏在活动过程中产生的心音可通过周围组织传递到胸壁，用听诊器在胸壁特定部位听诊能测量出心率，此为心率直接测量法。

在一个心动周期中，心脏的舒缩会引起动脉血管内的压力产生周期性波动，导致管壁发生搏动，并能以波的形式沿管壁向外周传播，且与心脏活动的周期一致。故用手指触摸到的身体浅表部位动脉搏动速率，通常可以间接代表心率，此为心率的间接测量法。

（2）动脉血压测定。

人体动脉血压测量采用听诊法，测量部位为上臂肱动脉。用血压计的压脉带充气，通过在动脉外加压，然后根据血管音的变化来测量血压。

通常血液在血管内流动时没有声音，但如果血液流经狭窄处形成涡流，则发出声音。当缠于上臂的压脉带内充气后压力超过肱动脉收缩压时，肱动脉内的血流完全被阻断，此时用听诊器在其远端听不到声音。徐徐放气，降低压脉带内的压力，当压脉带内压力低于肱动脉收缩压而高于舒张压时，血液将断续流过肱动脉而产生声音，在肱动脉远端能听到动脉音。继续放气，当压脉带内压力等于舒张压时，血流由断续流动变为连续流动，声音突然由强变弱并消失。

因此，从无声音到刚刚听见的第一个动脉音时的外加压力相当于收缩压，动脉音突然变弱时的外加压力相当于舒张压。

3. 实验器材

听诊器、血压计、秒表、75%酒精棉球、血压计。

4. 实验步骤

（1）心率测定。

① 安静时心率及脉搏测量。

受试者静坐5分钟。采用心前区听诊法直接测量心率。指触法测量脉搏时，通常将食指、中指和无名指放在受试者一侧手腕桡动脉搏动处。脉搏测量时先以10秒为单位，连续测量3个10秒，其中两次相同并与另一次相差不超过1次时，即认为是相对安静状态，否则应适当休息后继续测量，直至符合要求。然后，再测量30秒脉搏乘以2，即为心率。

② 运动后即刻及恢复期脉搏的测量。

令受试者以2秒1次的速度连续做蹲起运动3分钟，取坐位测定运动后即刻、2分钟、4分钟和6分钟的脉搏。

（2）动脉血压的测量。

① 熟悉血压计的结构。

血压计有汞柱式、弹簧式和电子式，一般常用的是汞柱式血压计。它有检压计、压脉带和橡皮充气球3部分组成。检压计是一标有压力刻度的玻璃管，上端同大气相通，下端和水银槽相通。压脉带为外包布套的长方形橡皮囊，它借橡皮管分别与检压计的水银槽和充气球相通。橡皮充气球是一个带有螺丝帽的橡皮囊，供充气、放气用（图3-6）。

② 令受试者脱去一侧衣袖，静坐5分钟以上。

③ 松开血压计橡皮球螺丝，驱出压脉带内残留气体，再旋紧螺丝。

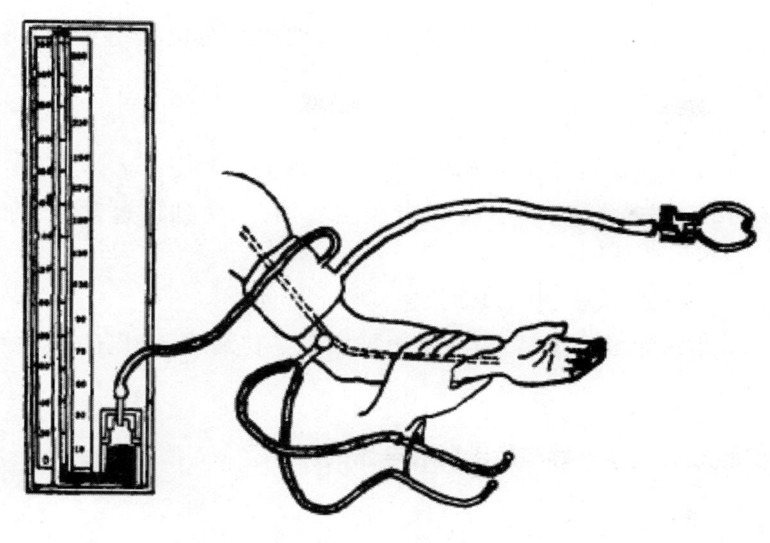

图 3-6　血压计

④ 令受试者将脱了衣袖的前臂平放于桌上,与心脏在同一水平位,手掌朝上。将压脉带缠在该上臂,压脉带下缘至少在肘关节上 2 厘米,松紧适宜。

⑤ 将听诊器耳件塞入外耳道,其弯曲方向与外耳道一致,即略向前弯曲。

⑥ 在肘窝内侧先用手指触及肱动脉脉搏,将听诊器放在胸间搏动处。

⑦ 测量收缩压。用橡皮球将空气打入压脉带内,使检压计中水银柱逐步上升,直到听诊器听不到脉搏音为止。继续打气,使水银柱再上升 20 ~ 30 毫米汞柱。随即松开充气球螺旋,连续缓缓放气,减低压脉带内压力,在水银柱缓慢下降的同时仔细听诊。当开始听到"砰、砰"的动脉音时,检压计上水银柱的刻度即为收缩压。

⑧ 测量舒张压。继续缓缓放气,动脉音先由低到高,然后由高变低,最后完全消失。在声音突然变弱的瞬间,检压计上水银柱的刻度即代表舒张压。

我国正常青年人安静时的收缩压为 100 ~ 120 毫米汞柱,舒张压为 60 ~ 80 毫米汞柱。血压记录常以收缩压/舒张压表示。反复测血压时,如血压波动小于 4 毫米汞柱即为准确。

⑨ 运动后动脉血压测量。拉开压脉带与检压计相连的橡皮管接头,注意不要取下压脉带。令缠好压脉带的受试者以 2 秒 1 次的速度连续做

蹲起运动3分钟,结束后取坐位测定运动后即刻、2分钟、4分钟和6分钟时的血压。

5. 注意事项

(1) 血压测量应在安静环境下进行;

(2) 天冷时测血压应让受试者脱去衣袖,以免袖口过紧阻碍血液循环;

(3) 打气时不要太快,以防水银柱喷出管外;

(4) 重复测量血压时,应让水银柱回到零位后再测,以防静脉回流不畅

实验五 人体安静与运动时心电图的测评

1. 实验目的

学会并掌握记录心电图的方法,辨认正常心电图的波形。

2. 实验原理

心脏在机械收缩之前先发生兴奋性变化。在兴奋过程中,可产生微弱的电流自心脏向身体各部传导。由于电流的方向与身体各部的角度不同,周围组织与心脏的距离不等,以及身体各部导电介质含量的差异,故在不同的体表部位上表现出来的电位变化不同。

3. 实验器材

心电图机、导电音、分镜、放大模、检查床。

4. 实验步骤

(1) 准备记录仪:接好心电图机的电源线、地线和导联线,打开电源开关,预热3~5 min。

(2) 安装导联(图3-7):令受试者静卧检查床上,放松肌肉,在手腕、足踝和胸前先用酒精棉球清洗油污,然后涂上导电膏,安放好引导电极,接上导联线。肢导联的连接方法是:红色—右手,黄色—左手,绿色(蓝色)—左足,黑色—右足(接地),白色或其他颜色电极接心前导联(注:三导心电图机上的胸前导联分别为 V_1—红,V_2—黄,V_3—绿,V_4—棕. V_5—黑. V_6—紫)。

(3) 记录心电:调整心电图机放大倍数,使用I毫伏标准电压推动描记笔向上移动10mm(或5M),然后依次记录Ⅰ、Ⅱ、ⅢaVR、aⅤF、V_1、V_2、V_3、V_4、V_5、V_6各导联的心电图,或根据需要选择其中几导联进行描记。

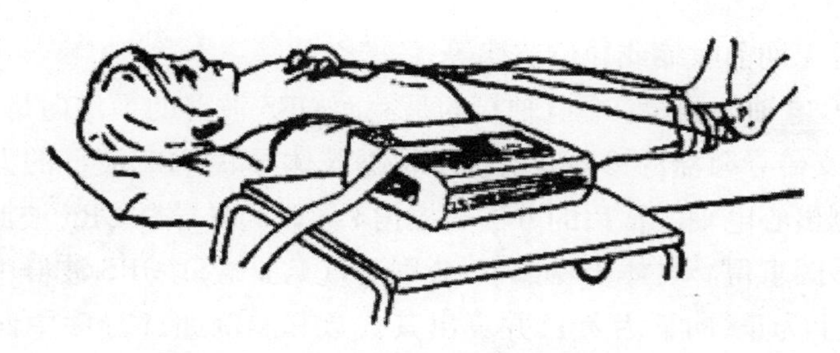

图3-7　胸部电极的安放位置

（4）分析结果（图3-8）。

① 波幅测量：当定标1mV电压等于10mm时，纵坐标每一小格（1mm）代表0.1mm。测量波幅时，凡向上的波形，其波幅应从基线的上缘测量至波峰的顶点；凡向下的波形，其波幅应从基线的下缘测量至波谷的底点。

② 时间测置：心电图纸的走速由心电图机固定转速的马达自动控制，一般分为25mm/s和50mm/s两种。常用25mm/s的走速，这时心电图纸上横坐标的每一小格（1mm）代表0.04s。

③ 心率的测定：测量相邻两个心动周期中的P波与P波或R波与R波之间的间隔时间，按下列公式进行计算，求出心率。如果心动周期之间的时间间距显著不等时，可测五个心动周期P—P间隔或R—R间隔随时间加以平均，代入公式即可。

$$心率(次/分)=\frac{60}{P—P或R—R间隔时间(秒)}$$

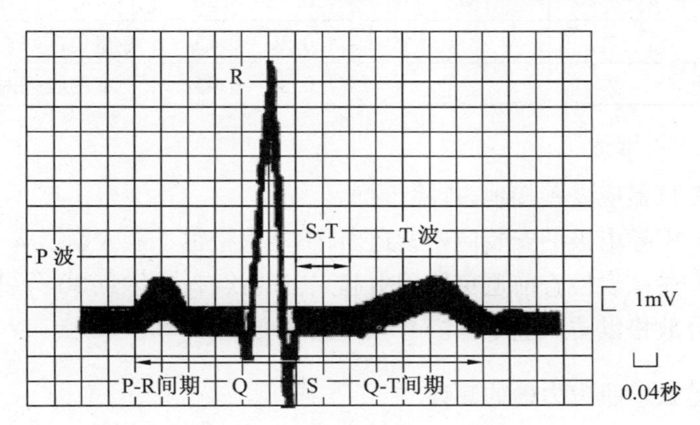

图3-8　心电图各波段测量法

④ 心率的分析：心律的分析包括主导节律的判定、心律是否规则整

齐以及有无期前收缩或异位节律等。

⑤ 心电轴的测定：心电轴指的是额面QRS波群的平均向量，对心室肥厚、束支传导阻滞的诊断有价值。根据肢体导联QRS波群的方向和波幅可以测出心电轴。常用的方法是根据Ⅰ导联和Ⅲ导联QR5波波幅的代数和来做图求得。具体步骤如下：分别测量Ⅰ、Ⅲ导联QRS波群中各波电压（波向上为正、向下为负），并算出其代数和。例如，Ⅰ导联中向上波幅为7mm，向下波幅为1mm时，其代数和为6mm；Ⅲ导联中向上波幅为1mm，向下波幅为6mm，则其代数和为－5mm。然后在Ⅰ联的导联轴正侧6mm处作一垂直线，Ⅲ导联的导联轴负5mm处也作一垂直线，这两条垂线相交于一点，将此点和中心点（轴心）相连得到一条直线，就是测得的心电轴，根据心电轴偏移分类图评定偏移度数，记入表内。

（5）心电图波形正常值（表3-2）及其生理学意义。

心电图是心肌激动时的电变化在体表的记录曲线图，通过对图形和时相的分析，可以诊断某些心脏疾病，评定心脏功能。例如，对心律失常，心房、心室肌功能性和器质性的改变等，都具有重要的诊断价值。

表3-2　心电图各波段名称

名称	电压	持续时间	意义
P波	0.25以下	0.06～0.10	心房兴奋
QRS波群	0.5～1.5	0.05～0.10	心室兴奋开始
T波	0.2～0.5	0.20～0.60	心室兴奋结束
P-R（PQ）间期		0.12～0.20	心房心室传导时间
ST段		0.10～0.15	心室全部兴奋时间
Q-T间期		0.30～0.45	心室的收缩时间

5. 注意事项

（1）仪器应妥善接地，排除干扰。

（2）引导电极的安装应松紧适当，不能太松也不能太紧。

（3）受试者检查前避免饮用引起兴奋的饮料，应休息30分钟。测试时要充分放松以防肌电干扰。

实验六　肌肉力量的测评

1. 实验目的

（1）掌握测量肌肉力量的原理。

（2）了解力量素质的一些常用简易测定法及测量意义。

2. 实验原理

人体所有运动几乎都是对抗阻力而产生的。力量是肌肉在工作时克服内外阻力的能力，它与其他素质有着密切的关系，对增强肌肉耐力、发展速度、提高灵敏等素质起着重要作用。

力量测量一般采用测定肌肉的最大负荷来进行，由于人体肌肉单独收缩完成某一动作的很少，所以往往不能确切评定某一块肌肉的力量，而是某一肌群的力量。测量方法一般分为相对力量和绝对力量两种。相对力量是以受试者在测验中所承受的负荷量与其自身体重之比作为成绩的一种测量方法，如背肌力测量、下推拉测量等。绝对力量是以受试者在测验中所承受的最大负荷量作为成绩的一种测量形式，如竞技举重、功率举重测验等。

测定肌肉力量的方法很多，作为对各项运动有意义的力量，主要是脊柱和髋关节的屈肌力量，两腿、两臂及背部的伸肌力量，以及胸大肌的力量。

3. 实验器材

米尺、握力计、背力计、体重计、秒表、哑铃等。

4. 实验步骤

（1）握力（图3-9）。

① 根据受试者手掌的大小，调节握力计握把的间距至感觉合适为宜。

② 受试者手放在体侧，握时不许挥动上肢，用最大力量紧握握力计，记录读数。

③ 使指针回零，左右手各测三次，取最大的一次。

④ 分别将左右手的最大值除以自身体重，计算相对握力。

图3-9　握力测试

（2）臂屈肌力。

① 依受试者情况，选择适当重量的杠铃片开始测试。

② 受试者两脚开立，两手与肩同宽反握杠铃，使之悬垂于大腿前方。屈肘上弯杠铃至肘关节全屈，然后恢复原位。

③ 记录负荷。

④ 调节负荷,重新进行上述测量,直至不能完成动作为止。

⑤ 取最大值除以体重,计算相对臂屈肌力。

(3) 臂伸肌力。

① 依受试者情况,选择适当重量的杠铃片开始测试。

② 受试者两脚开立,双手屈肘握杠,将扛铃放于胸前。用力上推杠铃至肘关节伸直,然后恢复原位。

③ 记录负荷。

④ 调节负荷,重新进行上述测量,直至不能完成动作为止。

⑤ 取最大值除以体重,计算相对臂伸肌力。

(4) 背力(图 3-10)。

① 受试者双足站在背力计的底盘上,调节拉杆高度至受试者膝盖上缘。

② 令受试者上体前倾,双手正握拉杆,身体用力上抬。要求肘、膝关节伸直,不要猛然用力。

③ 使指针回零,测三次,取最大值。

④ 以最大值除以体重,计算相对背力。

(5) 腿力。

① 受试者双足站在背力计的底盘上,调节杆高度至受试者膝盖下缘(由受试者调整)。

② 令受试者上体保持稍前倾姿势不变,双手一正一反握拉杆,膝关节由屈曲至伸直,用力上抬。

图 3-10 背力测试

③ 使指针回零,测三次,取最大值。

④ 以最大值除以体重,计算相对腿力。

(6) 腰腹肌力量。

① 依受试者情况,选择适当重量的杠铃片开始测试。

② 受试者仰卧于垫,颈部落在杠铃片上,双手紧握杠铃片,使身体坐起。

③ 记录负荷。

④ 调节负荷,重新进行上述测量,直至不能完成动作为止。

⑤ 取最大值除以体重,计算相对腰腹肌力。

5. 注意事项

(1) 选择负荷时应充分考虑受试者的身体情况。

(2) 测量前应做好准备活动。

（3）有严重疼痛、关节活动受限、严重出血、急性扭伤等情形者不得测量。

实验七　无氧功率的测评

1. 实验目的

掌握无氧功率的间接测定方法。

2. 实验原理

磷酸原（ATP-CP）系统又称非乳酸能系统，它供能不大，维持时间短，但能量输出功率最高，常以几秒钟运动时的最大功率来间接测定，一般有纵跳和玛格里阿（Kalamen-Margaria）两种无氧功率测定方法。

3. 实验器材

软黑板、直尺、无氧功率测定仪、12 级台阶（每级高度 13 ~ 20cm）、体重计、滑石粉。

4. 实验步骤

（1）纵跳。

① 受试者先称体重，然后手指粘些滑石粉，侧向墙壁而立，近侧足应贴近墙根，远侧足置于高墙 20cm 的白线外缘处。身体轻贴墙壁，尽量上举手臂，用中指尖在软黑板上点一指印。

② 受试者在距墙 20cm 处下蹲用力向上跳起，达腾空最高点时用中指点一指印；上下两个指印间的垂直距离即为纵跳高度。测试 3 次，记录最佳成绩。

③ 根据公式 $P = W\sqrt{0.5gH} \times 9.8^{*}$ 计算功率。

其中，

P：功 率（$J \cdot s^{-1}$）；

W：体重（kg）；

g：重力加速度（$m \cdot s^{-2}$）；

H：纵跳高度（m）。

（2）玛格里阿（Kalamen-Margaria）实验。

① 受试者先称体重，然后站在离台阶 6m 处。

② 令受试者以 3 级 1 步的最快速度跑上台阶，如图 3-11 所示。一直跑至 12 级，记录通过由第 3 级至第 9 级的时间（电表的开关放在第 3 级和第 9 级，当受试者脚踏上第 3 级时，开动计时器，而跳上第 9 级时，计时器停止）。测试 3 次，取 1 次最短时间。

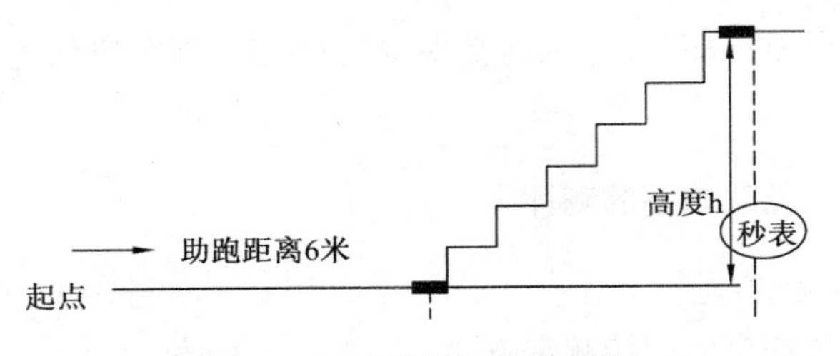

图 3-11　跑楼梯实验示意图

③ 根据公式 $P=\frac{WD}{t}$ 计算功率。

其中，

P：功率（$kg\cdot m\cdot s^{-1}$）；

D：第 3 级到第 9 级的垂直高度（m）；

W：体重（kg）；

t：通过第 3 级到第 9 级的时间（s）。

5. 注意事项

（1）不准做垫步或跨步动作进行纵跳。

（2）站立用白粉做记号时，手臂要充分上举，体侧要轻贴墙壁。

（3）玛格丽阿（Kalamen-Margaria）实验，在正式测试前，应试练几次，以熟悉动作过程。

实验八　PWC_{170}的测评

1. 实验目的

学习并掌握 PWC_{170}机能测验的原理和方法。

2. 实验原理

PWC 是英语“Physical Work Capacity”一词的缩写，可把它直译成“身体工作能力”。身体工作能力测验和最大摄氧量测验一样，是一种测量身体健康适应（Physical fitness）的现代方法。

在进行 PWC 测验时，要求受试者在逐渐增大的运动负荷中进行稳定状态的练习，直至达到所要求的心率。在达到所要求的心率时，每分钟做功的数量（即功率）就是这一指定心率时的身体工作能力。大学年龄的人及运动员经常用每分钟 170 次的心率值，这种身体工作能力的测验叫做 PWC_{170}。

直接测定 PWC_{170}的方法需要很长的时间，因此 PWC_{170}的测验常采用间接测定的方法。间接测定法的理论基础是心率和功率在一定的负荷范围内(相当于心率在 120 ~ 180 次/分之间)成直线正比关系。

PWC_{170}的间接测定方法是让受试者完成两个或两个以上不同功率的运动负荷(每次 6 分钟),在负荷末的最后 30 秒时测量心率,并描绘在坐标纸上(图 3-12)。例如,第一种负荷(600 千克米/分)中心率为 125 次/分(A 点),第二种负荷(1 200 千克米/分)中心率为 160 次/分(B 点),连接这两点得一直线,该直线向上延长与心率为 170 次/分的水平线相交(C 点),从 C 点做垂直线于横坐标交于 D。这个 D 点所表明的功率就是受试者的 PWC_{170},在这个例子中 PWC_{170}为 1 360 千克米/分。

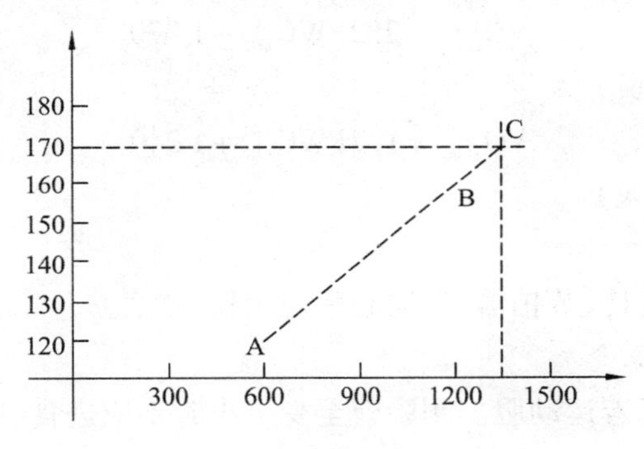

图 3-12　PWC 坐标图

PWC_{170}也可以用弗・勒・卡尔普曼建议的公式计算。公式是由图形推导而来的。

$$PWC_{170} = N_1 + (N_2 - N_1)\left\{\frac{170 - f_1}{f_2 - f_1}\right\} \tag{1}$$

其中,

N_1 = 第一个负荷的功率(千克米/分);

N_2 = 第二个负荷的功率(千克米/分);

f_1 = 第一个负荷时的心率(次/分);

f_2 = 第二个负荷时的心串(次/分)。

在进行 PWC_{170} 机能测验后,把所得的 N_1、N_2、f_1、f_2 的数据代入公式(1)便能很方便地计算出受试者的 PWC_{170}的精确值。

此外,为了使第二个负荷时的心率尽可能地接近 170 次/分,可参考表 3-3 确定第二次负荷的功率。

表 3-3　测定 PWC_{170} 采用的负荷功率(千克米/分)

	女		男	
	第一次负荷	第二次负荷	第一次负荷	第二次负荷
运动员	300	600	600	1 500
一般人	150	300	300	600

PWC_{170} 与最大摄氧量的相关极为密切。弗·勒·卡尔普曼提出一个由 PWC_{170} 推算最大摄氧量的回归方程式。

$$VO_{2max} = 2.2PWC_{170} + 1\,070 \qquad (2)$$

(用于运动员)

$$VO_{2max} = 1.7PWC_{170} + 1\,240 \qquad (3)$$

(用于一般人)

3. 实验器材

自行车测功计、节拍器、自动心率记录仪、秒表。

4. 实验步骤

(1) 受试者着运动服。测验前至少一小时不应进食、饮水、吸烟。

(2) 让受试者按第一个功率(男 600 千克米/分、女 300 千克米/分)开始蹬自行车。每次练习不超过 6 分钟,蹬踏频率为 50 周/分。

(3) 在练习中的每一分钟的最后 30 秒,测定并记录心率。由于受试者只须工作到稳定状态,故不必每一次都准确地练习 6 分钟。在头 4 分钟内观察心率,当达到稳定状态后再继续蹬 30 秒,并同时测定及记录心率。假如由于发生某种故障未能取得心率材料,可再继续练习 30 ~ 60 秒。

(4) 在从事第二种负荷的练习前,受试者可休息 5 分钟(坐在车上休息)。

(5) 用第二种负荷重复测验,其他方法同上。

(6) 画出心率—功率曲线,并找出 PWC_{170}。

(7) 按照公式(1)计算 PWC_{170}。

(8) 按照公式(2)或(3)计算 VO_{2max}。

(9) 根据所测材料进行分析。

5. 注意事项

(1) 使用此法时,通常在运动开始 3 分钟之后,心率必须高于 120 次/分。最高心率必须低于 175 次/分,以减小评估误差。

(2) 遇见老年人或健康不佳者,也可使用 PWC_{160} 或 PWC_{150} 等。

实验九　最大摄氧量的测评

(一) 最大摄氧量的直接测定法

1. 实验目的

掌握直接测定最大摄氧量的原理和方法。

2. 实验原理

最大摄氧量是指一个人从事最剧烈的运动时组织细胞每分钟所能消耗或利用的氧的最高值。国内外学者所设计的测定最大摄氧量的具体方法虽然各有不同,但其基本原理是相同的,其测定的基本原则是:在逐渐增加运动负荷的过程中,不断测定摄氧量。当负荷继续增加而摄氧量不再增加时,所获得的数据就是受试者的最大摄氧量。

3. 实验器材

自动气体分析仪、自行车功量计(或电动跑台)、自动心率记录仪、酒精棉球等。

4. 实验步骤

(1) 在自行车功量计上测定最大摄氧量。

① 让受试者戴上呼吸口罩,装好自动心率记录仪,先以相当于最大摄氧量的50%的运动强度,做准备活动5~10分钟。

② 然后每2或3分钟增加负荷300~400千克/分,直到受试者蹬不动为止。同时在每一级上测定摄氧量和心率。在最后一级负荷上的摄氧量即是此人的最大摄氧量。

(2) 在电动跑台上测定最大摄氧量。

① 受试者先以10千米/小时的速度,坡度为1°的负荷跑做准备活动5~10分钟。

② 然后以12千米/小时的速度,坡度为3°负荷跑2分钟,再以每分钟增加2千米/小时的速度,使速度增加到18千米/小时。若此时还未达到最大摄氧量,可以每分钟增加坡度1°继续测试。同时在每改变一次速度和坡度时,测量一次摄氧量和心率。当速度和坡度增加而摄氧量不再增加时,即为最大摄氧量。

5. 注意事项

(1) 测量时的起始负荷要根据受试者的性别、年龄和体力而确定。一般可做些预备试验来判断受试者的运动能力。

(2) 测定最大摄氧量时受试者是否配合极为重要。因此必须事先向受试者宣传测试的意义和要求,以求得受试者积极配合。

(3) 一般来说,判断最大摄氧量是否达到了受试者的实际水平的基本指标是:当负荷强度继续增加时,摄氧量不再增加,摄氧量曲线出现平台。前一负荷和后一负荷的摄氧量的差数不应超过 2 毫升/公斤/分。

(4) 是否到达最大摄氧量的其他参考标准。

① 血乳酸值高于 70 ~80mg%。

② 心率达到 185 ~200 次/分。

③ 呼吸商超过 1。

(二) 最大摄氧量的间接推测法

1. 实验目的

掌握间接推测最大摄氧量的原理和方法。

2. 实验原理

间接测定法是指让受试者在自行车功量计上、台阶实验或采取跑步,进行次最大强度或最大强度运动,测定出当时的生理反应值,然后推测出该受试者的最大摄氧量。

本实验是按照 Astrand—Ryhnuiy 设计的方法,让受试者以次最大强度(即低于百分之百最大摄氧量的强度)运动,测定出当时的心率及输出功率,然后推测出该受试者的最大摄氧量。

Astrand—Ryhnuiy 法和台阶法实验的依据是心率、功率和摄氧量间的密切相关。输出功率增加时,摄氧量也成比例增加,最后达到最大摄氧量且形成稳定状态。心脏对增加功率的表现与摄氧量一致。最大摄氧量与最大心率几乎同时达到。这样,如果知道了表示功率—摄氧量和功率—心率变化相关直线的斜率,通过次最大强度运动测验出的耗氧量和心率,就可以近似地推测出受试者的最大摄氧量。

12 分钟跑法的实验依据是库珀的研究结果:12 分钟跑的成绩与每公斤体重最大摄氧量之间呈高度相关,相关系数达 0. 897。日本学者浅见以日本人为对象的研究结果也证实它们之间的相关系数达 0. 897,与库珀的研究结果十分相近。这一结果提示,可以由 12 分钟跑的成绩间接推算每公斤体重的最大摄氧量。日本体育科学中心以 18 ~25 岁男女成年人的实验数据为资料所计算的、由 12 分钟跑的成绩间接推算每公斤体重的最大摄氧量的结果并无年龄及性别的显著差异,所以《推算表》(见表

3-4、表3-5)男女成年人各年龄组均可通用。

3. 实验器材

(1) Astrand—Ryhnuiy法:自行车功量计、自动心率记录仪、节拍器、秒表、体重计。

(2) 俄亥俄台阶试验:45厘米高台阶、秒表、节拍器。

(3) 奎因台阶试验:43厘米高台阶、秒表、节拍器。

(4) 12分钟跑法:秒表、运动场。

4. 实验步骤

(1) Astrand—Ryhnuiy法。

要求受试者以中等功率蹬踏自行车测功计,直到得到一个稳定的心率为止。然后,根据功率和心率使用Astrand和Ryhnuiy制定的表格(或列线图解)推测出最大摄氧量。最后,根据年龄修正表推测出最大摄氧量。具体步骤如下:

① 受试者应穿运动服,测试前一小时不得进食和吸烟。

② 记录受试者的姓名、年龄、性别、体重以及从事的运动专项等。

③ 调整车座高度,使受试者踏到最低点时腿略有弯曲。将自行车测功计的阻力指示器调整到零。

④ 令受试者以50转/分的速度蹬踏自行车测功计。调整负荷,女子开始可为300千克米/分,男子为600千克米/分。持续运动6分钟。

⑤ 休息5分钟(坐于车座上),然后再重复上述步骤,但负荷适当增加(女子可选择450、600、750、900千克米/分中的任一负荷,男子可选择600、900、1 200、1 500千克米/分中的任一负荷。两次负荷运动时的心率都要在120~170次/分之间)。

⑥ 记录前后两种负荷下,每1分钟后30秒钟的心率,用运动中第5和第6分钟所记录下的心率平均值来推测最大摄氧量。前后两分钟所测心率间不得相差5次/分以上。否则,继续运动1分钟,使用第6和第7分钟心率来推算最大吸氧量。

⑦ 计算两种负荷时的稳定状态心率(即实验中第5、第6分钟心率平均值)。具体计算顺序如下:

a. 记录每次负荷的功率;

b. 记录每次负荷最后2分钟的平均心率;

c. 推测的最大摄氧量平均值(表3-4、表3-5)。

表 3-4　最大摄氧量推算表(男性)(Astrand, 1960)

心率	最大摄氧量(升/分)				
	300	600	900	1 200	1 500
	千克米/分(kgm/min)				
120	2.2	3.5	4.8		
121	2.2	3.4	4.7		
122	2.2	3.4	4.6		
123	2.1	3.4	4.6		
124	2.1	3.3	4.5	6.0	
125	2.0	3.2	4.4	5.9	
126	2.0	3.2	4.4	5.8	
127	2.0	3.1	4.3	5.7	
128	2.0	3.1	4.2	5.6	
129	1.9	3.0	4.2	5.6	
130	1.9	3.0	4.1	5.5	
131	1.9	2.9	4.0	5.4	
132	1.8	2.9	4.0	5.3	
133	1.8	2.8	3.9	5.3	
134	1.8	2.8	3.9	5.2	
135	1.7	2.8	3.8	5.1	
136	1.7	2.7	3.8	5.0	
137	1.7	2.7	3.7	5.0	
138	1.6	2.7	3.7	4.9	
139	1.6	2.6	3.6	4.8	
140	1.6	2.6	3.6	4.8	6.0
141		2.6	3.5	4.7	5.9
142		2.5	3.5	4.6	5.8
143		2.5	3.4	4.6	5.7
144		2.5	3.4	4.5	5.7
145		2.4	3.4	4.5	5.6

续表

心率	最大摄氧量(升/分)				
	300	600	900	1 200	1 500
	千克米/分(kgm/min)				
146		2.4	3.3	4.4	5.6
147		2.4	3.3	4.4	5.5
148		2.4	3.2	4.3	5.4
149		2.3	3.2	4.3	5.4
150		2.3	3.2	4.2	5.3
151		2.3	3.1	4.2	5.2
152		2.3	3.1	4.1	5.2
153		2.2	3.0	4.1	5.1
154		2.2	3.0	4.0	5.1
155		2.2	3.0	4.0	5.0
156		2.2	2.9	4.0	5.0
157		2.1	2.9	3.9	4.9
158		2.1	2.9	3.9	4.9
159		2.1	2.8	3.8	4.8
160		2.1	2.8	3.8	4.8
161		2.0	2.8	3.7	4.7
162		2.0	2.8	3.7	4.6
163		2.0	2.8	3.7	4.6
164		2.0	2.7	3.6	4.6
165		2.0	2.7	3.6	4.5
166		1.9	2.7	3.6	4.5
167		1.9	2.6	3.5	4.4
168		1.9	2.6	3.5	4.4
169		1.9	2.6	3.5	4.3
170		1.8	2.6	3.4	4.3

表 3-5　最大摄氧量推算表(女性)(Astrand, 1960)

最大摄氧量(升/分)					
心率	300	450	600	750	900
	千克米/分(kgm/min)				
120	2.6	3.4	4.1	4.8	
121	2.5	3.3	4.0	4.7	
122	2.5	3.2	3.9	4.7	
123	2.4	3.1	3.9	4.6	
124	2.4	3.1	3.8	4.5	
125	2.3	3.0	3.7	4.4	
126	2.3	3.0	3.6	4.3	
127	2.2	2.9	3.5	4.2	
128	2.2	2.8	3.5	4.2	4.8
129	2.2	2.8	3.4	4.1	4.8
130	2.1	2.7	3.4	4.0	4.7
131	2.1	2.7	3.4	4.0	4.6
132	2.0	2.7	3.3	3.9	4.5
133	2.0	2.6	3.2	3.8	4.4
134	2.0	2.6	3.2	3.8	4.4
135	2.0	2.6	3.1	3.7	4.3
136	1.9	2.5	3.1	3.6	4.2
137	1.9	2.5	3.0	3.6	4.2
138	1.8	2.4	3.0	3.5	4.1
139	1.8	2.4	2.9	3.5	4.0
140	1.8	2.4	2.8	3.4	4.0
141	1.8	2.3	2.8	3.4	3.9
142	1.7	2.3	2.8	3.3	3.9
143	1.7	2.2	2.7	3.3	3.8
144	1.7	2.2	2.7	3.2	3.7
145	1.6	2.2	2.7	3.2	3.7
146	1.6	2.2	2.6	3.2	3.7
147	1.6	2.1	2.6	3.1	3.6
148	1.6	2.1	2.6	3.1	3.6
149		2.1	2.6	3.0	3.5
150		2.0	2.5	3.0	3.5

续表

心率	最大摄氧量(升/分)				
	300	450	600	750	900
	千克米/分(kgm/min)				
151		2.0	2.5	3.0	3.4
152		2.0	2.5	2.9	3.4
153		2.0	2.4	2.9	3.3
154		2.0	2.4	2.8	3.3
155		1.9	2.4	2.8	3.2
156		1.9	2.3	2.8	3.2
157		1.9	2.3	2.7	3.2
158		1.8	2.3	2.7	3.1
159		1.8	2.2	2.7	3.1
160		1.8	2.2	2.6	3.0
161		1.8	2.2	2.6	3.0
162		1.8	2.2	2.6	3.0
163		1.7	2.2	2.6	2.9
164		1.7	2.1	2.5	2.9
165		1.7	2.1	2.5	2.9
166		1.7	2.1	2.5	2.8
167		1.6	2.1	2.4	2.8
168		1.6	2.0	2.4	2.8
169		1.6	2.0	2.4	2.8
170		1.6	2.0	2.4	2.7

d. 根据年龄修正最大摄氧量值。用最大摄氧量值乘以年龄修正系数(表 3-6)。

表 3-6　推测最大摄氧量的年龄修正系数(Astramd,1960)

年龄	修正系数	最大心率	修正系数
15	1.10	210	1.12
25	1.00	200	1.00
35	0.87	190	0.93
40	0.83	180	0.83
45	0.78	170	0.75
50	0.75	160	0.69
55	0.71	150	0.64
60	0.68		
65	0.65		

e. 求出最大摄氧量的相对值。用最大摄氧量的绝对值除以体重（千克）。

$$最大摄氧量(相对值)=\frac{最大摄氧量(绝对值)(单位:毫升)}{体重(千克)}$$

f. 身体机能评定（表3-7）。

表3-7　不同性别和年龄的体质等级表（Astrand，1960）

（上面数值的单位：升/分；下面数值的单位：毫升/千克/分）

性别	年龄	最大摄氧量				
		低	较低	中等	高	很高
女	20～29	≤1.69	1.70～1.99	2.00～2.49	2.50～2.79	≥2.80
		≤28	29～34	35～43	44～48	≥49
	30～39	≤1.59	1.60～1.89	1.90～2.39	2.40～2.69	≥2.70
		≤27	28～33	34～41	42～47	≥48
	40～49	≤1.49	1.50～1.79	1.80～2.29	2.30～2.59	≥2.60
		≤25	26～31	32～40	41～45	≥46
	50～65	≤1.29	1.30～1.59	1.60～2.09	2.10～2.39	≥2.40
		≤21	22～28	29～36	37～41	≥42
男	20～29	≤2.79	2.80～3.09	3.10～3.69	3.70～3.99	≥4.00
		≤38	39～43	44～51	52～56	≥57
	30～39	≤2.49	2.50～2.79	2.80～3.39	3.40～3.69	≥3.70
		≤34	35～39	40～47	48～51	≥52
	40～49	≤2.19	2.20～2.49	2.50～3.09	3.10～3.39	≥3.40
		≤30	31～35	36～43	44～47	≥48
	50～59	≤1.89	1.90～2.19	2.20～2.79	2.80～3.09	≥3.10
		≤25	26～31	32～39	40～43	≥44
	60～69	≤1.59	1.60～1.89	1.90～2.49	2.50～2.79	≥2.80
		≤21	22～26	27～35	36～39	≥40

（2）俄亥俄台阶试验（ohio step test）。

此练习适用于男受试者。练习共分为三段，每段又分为六组。

第一段的六组受试者以每分钟24次的频率上下台阶。

第二段的六组受试者以每分钟30次的频率上下台阶。

第三段的六组受试看以每分钟36次的频率上下台阶。

① 每组工作30秒，也就是从1～6组每组上下台阶12次/30秒；第

7～12组每组上下台阶 15 次/30 秒；第 13～18 组每组上下台阶 18 次/30 秒。

② 每组工作后间歇 20 秒。在间歇休息时测定第 5～15 秒的 10 秒钟心率。

③ 第一段的六组负荷完成后，通知受试者把上下台阶的速率改为 30 次/分。

④ 第二段的第十二组完成后，把上下台阶的速率改为 36 次/分。

⑤ 三段工作连续进行，只要心率达到 10 秒钟 25 次，即 1 分钟 150 次，测验即可停止。

如果完成了 18 组心率仍不到 25 次/10 秒，组数为 19。

男性大学生的最大摄氧量推算公式：

最大摄氧量（毫米/千克/分）=（1.699 75 × 上下台阶的组数）－［0.137 544 × 体重（千克）］＋47.125 25

例如：某受试者体重 68 公斤，共完成 15 组上下台阶的练习，心率达到 150 次/分，试问该生的最大摄氧量是多少？

最大摄氧量 =（1.699 75 × 15）－（0.137 544 × 68）＋47.125 25 = 63.3 毫升/千克/分

（3）奎因台阶试验（Queens Step Test）（适用于女受试者）。

让受试者按每分钟 22 次的频率上下台阶（图 3-13）3 分钟。结束工作后，让受试者采取站姿测定运动后第 5～20 秒之间的 15 秒钟心率。

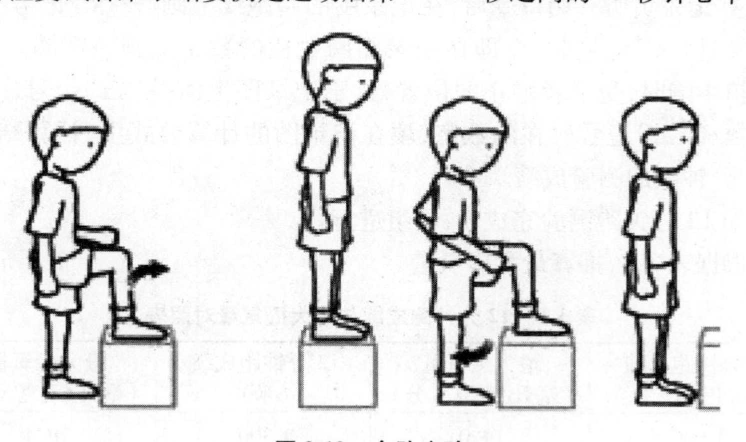

图 3-13　台阶实验

把 15 秒心率乘 4 即为每分钟心率。然后代入下面公式，求出受试者的最大摄氧量。

最大摄氧量(毫升/千克/分) =65.81 -(0.184 7×心率/分)

(4) 12 分钟跑法。

① 在标准 400 米跑道上,以起跑线为基点,每 50 米为一单位,将跑道分别划分为 8 个区域,并以数字标明区域。

② 将测试对象分为两组,一组先行接受测验,另一组记录成绩。测验前受试者立于起跑线后,测验人员手持秒表,记录人员手持记录图(图 3-14)。听到开始口令后,受试者开始跑步,同时测验人员按表计时。

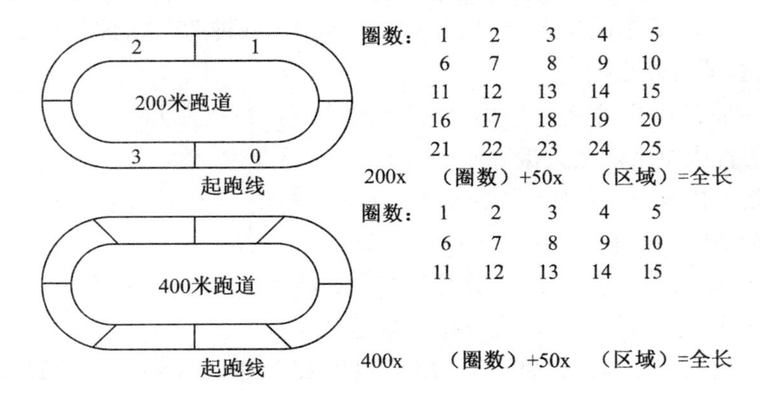

图 3-14 12 分钟跑场地与成绩记录图

③ 在室外运动场上,受试者以稳定速度尽力跑完 12 分钟。12 分钟内完成的最远距离即为此项测验成绩。

④ 记录员听开始口令后,在记录图的起跑线上画一"×"记号,当受试者经过"×"记号时,立即在记录图圈数栏的数字上画一圆圈。在 12 分钟笛声响时,受试者停止的位置处,于记录图上面一"△"记号。然后将圈数和"△"记号所在的数字,填在记录图的计算公式上,计算结果即为 12 分钟跑的测验成绩。

⑤ 12 分钟跑测验完成后,换组进行。

根据表 3-8,推算最大摄氧量。

表 3-8 12 分钟跑成绩与最大摄氧量对照表

12 分钟跑成绩(米)	最大摄氧量(毫升/千克·分)	12 分钟跑成绩(米)	最大摄氧量(毫升/千克·分)
1 000	14.0	1 300	20.4
1 100	16.1	1 400	22.5
1 200	18.3	1 500	24.6

续表

12分钟跑成绩（米）	最大摄氧量（毫升/千克・分）	12分钟跑成绩（米）	最大摄氧量（毫升/千克・分）
1 600	26.8	2 800	52.3
1 700	28.9	2 900	54.4
1 800	31.0	3 000	56.5
1 900	33.1	3 100	58.5
2 000	35.3	3 200	60.8
2 100	37.4	3 300	62.9
2 200	39.5	3 400	65.0
2 300	41.6	3 500	67.1
2 400	43.8	3 600	69.3
2 500	45.9	3 700	71.4
2 600	48.0	3 800	73.5
2 700	50.1	3 900	75.6

5. 注意事项

（1）测量前，最好先对受试者做一简单的检查，以免发生意外。

（2）台阶测试中应注意观察受试者的运动节奏，如明显失调应立即停止测量。

（3）12分钟跑测验中如受试者感觉极度疲劳，可慢走一会儿再跑，尽力在12分钟内维持跑步。测验人员在12分钟整时，立即鸣笛，跑步中的受试者听到笛声后立即停止跑步，在原地活动肢体。

实验十　体成分的测量与评价

1. 实验目的

（1）了解测量身体成分的意义。

（2）掌握测定身体成分的各种测量方法。

2. 实验原理

人体主要由水、脂肪、蛋白质、矿物质和糖类等物质组成。各种成分组成了人体的总重量，即体重。人体各成分的相对平衡对有机体正常的生命活动和维持健康水平是极为重要的。所以，对身体各成分的测量一直受到医学领域的重视。

脂肪成分一直是身体成分测试的主要内容。另外,随着科技水平的提高骨矿物质的测定手段也逐渐发展并得到应用。

而活体脂肪成分只能通过间接法进行。间接法主要包括水下称重法、电阻法、超声波法、皮褶厚度法、CT、双光子法以及核磁共振法等。本实验只介绍目前常用的三种方法:①水下称重法通过对身体密度和比重进行测量,从而推算身体的脂肪体重和去脂体重。该测量是基于对尸体的瘦体重和脂肪组织的比率进行测量后分析其相对关系而得出的。②人体内的脂肪约2/3属于皮下脂肪,因此,采用皮脂厚度法精确地测量皮脂厚度以估计皮下脂肪量来推测全身脂肪含量,在理论上是可以接受的。③生物电阻抗分析法是测量电流通道身体的脂肪和非脂肪组织时,根据其传导速率不同来推断人体去脂体重和脂肪组织的重量。

3. 实验器材

(1) 水下称重法: 体重计、水下称重计(含座椅和铅块)、肺活量计。

(2) 皮脂厚度法: 皮脂厚度计(图3-15)。

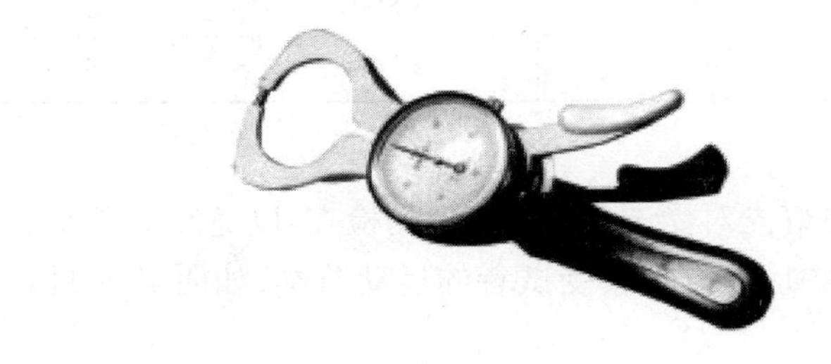

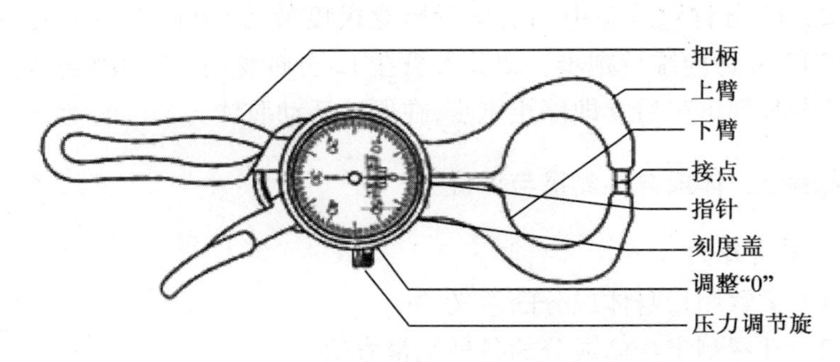

图3-15 皮脂厚度计

(3) 生物电阻抗分析法:VENU 9.9杰文人体成分分析仪。

4. 实验步骤

(1) 水下称重法(图3-16)。

图 3-16　水下称重模拟图

① 残气量的测定。

测出受试者的肺活量。男子的残气量相当于肺活量的 24%，女子的残气量为肺活量的 28%。

② 身体密度的测量。

a. 测量受试者体重。

b. 令受试者穿尼龙游泳衣，下水前应上厕所，以排除膀胱内的积尿和肠内堆积的粪便。

c. 受试者使用肥皂洗刷身体，并浸湿泳衣。

d. 记录下水前座椅和铅块等的重量。

e. 受试者下水，先站立着，用手拉开泳衣，使泳衣内气泡完全排出，而后，坐在椅子上，夹上鼻夹，学在水中吐气，空中吸气。

f. 确定椅子已全湿，以及所有椅子上的空气均已排出。

g. 受试者慢而用力吐气，直到再没有空气可吐出为止。闭气 5 分钟，然后开始正常呼吸。受试者学习水中吐气后，上水面吸一或两口气。在水中最大用力吐气时身体前倾，靠近大腿，在无气可吐时闭气并默数数字，直到记下水中体重，拍水箱通知为止。

h. 在上一步骤受试者吐尽肺内气体后，如体重计指针不再上下振动，记录水中体重。如指针不停地上下振动，可记录中间值。

i. 记录 8 ~ 12 次水中重量，中间间隔时间视受试者的感受和意愿而定，通常 5 ~ 6 次呼吸即可。

j. 再一次测量座椅等附件重量，以核对是否与上次一致。

k. 水的密度，知道水温后，查表找出该温度下水的密度(表 3-9)。

表 3-9　水温与密度对照表

温度(℃)	密度(g/cc)	温度(℃)	密度(g/cc)
21	0.998 0	31	0.995 4
22	0.997 8	32	0.995 1
23	0.997 5	33	0.994 7
24	0.997 3	34	0.994 4
25	0.997 1	35	0.994 1
26	0.996 8	36	0.993 7
27	0.996 5	37	0.993 4
28	0.996 3	38	0.993 0
29	0.996 0	39	0.992 6
30	0.995 7	40	0.992 2

② 身体密度的计算。

$$身体密度=\frac{地面上的体重(kg)}{\frac{地面上的体重(kg)-水中体重(kg)}{水的密度(kg/ml)}-残气量(ml)}$$

③ 体脂百分比的计算。

主要有两个公式：

$$F\%=\left(\frac{4.57}{D_b}-4.142\right)\times100\%$$

$$F\%=\left(\frac{4.95}{D_b}-4.50\right)\times100\%$$

(2) 皮脂厚度法。

① 调试。

测量前应将校验砝码挂于钳口，将指针调整至红色标记刻度的 15 ~ 25 毫米范围内。

② 测量。

受试者自然站立，暴露测试部位。测试者选准测量点，用左手拇指和食指、中指将皮脂捏起，右手持皮脂厚度计将卡钳张开，卡在捏起部位下方约 1 厘米处，待指针停稳，立即读数并做记录。测量三次取其中两次相同的值，测量误差不得超过 5% 。以毫米为单位，取小数点后一位记录。

③ 测量部位及走向（图 3-17）。

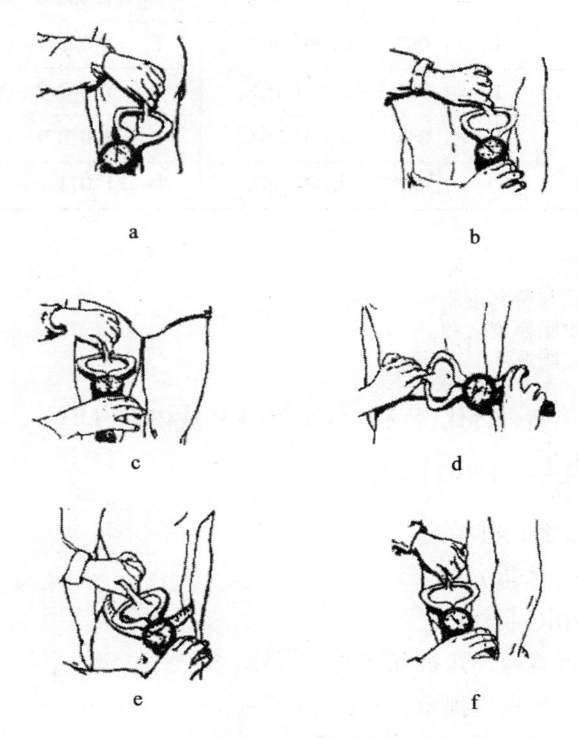

图 3-17　测量部位

a. 臀部：肩峰与上臂后面鹰嘴连线中点。皮褶走向与肱骨平行。

b. 肩肿部：肩胛骨下角下约 1 厘米处。皮褶走向与脊柱成 45°角，方向斜下。

c. 大腿部：大腿前部股骨中点处。皮褶走向与股骨平行。

d. 腰部：脐水平线与锁骨中线相交处。皮褶走向水平。

e. 髂部：髂嵴上缘与腋中线相交处上方约 1 厘米处。皮褶走向稍向下方。

f. 小腿部：小腿腓肠肌肌腹中上部。

④ 计算身体成分。

a. 计算身体密度（D_b）：将测得皮脂厚度数值代入体密度推算回归方程式（表 3-10），计算体密度。

表 3-10　体密度推算回归方程式

年龄	男　子	女　子
9～11 岁	$D_b=1.0879-0.00151X_1$	$D_b=1.0794-0.00142X_1$
12～14 岁	$D_b=1.0868-0.00133X_1$	$D_b=1.0888-0.00153X_1$
15～18 岁	$D_b=1.0977-0.00146X_1$	$D_b=1.0931-0.00160X_1$
成人	$D_b=1.0913-0.00116X_1$	$D_b=1.0879-0.00133X_1$
成人	$D_b=1.0863-0.00176X_2$	$D_b=1.0709-0.00105X_2$
成人	$D_b=1.0872-0.00205X_3$	$D_b=1.0711-0.00164X_3$

注：
D_b为体密度。
X_1为肩胛部与臀部皮脂厚度之和。
X_2为腹部皮脂厚度之和。
X_3为髂部皮脂厚度。

b. 计算体脂百分比（F%）、体脂重（F）、瘦体重（LBW）。

$$F\% = \left(\frac{4.57}{D_b} - 4.142\right) \times 100\%$$

F = W（体重）× F%

LBW = W（体重）- F

（3）生物电阻抗法。

① 受试者着运动短裤和背心，赤足站立于脚电极上。

② 依照电脑语音提示，输入个人资料。

③ 令受试者手握手电极，静止不动。

④ 测试者按开始键，开始测试。

⑤ 按打印键输出结果，或传送至电脑进行数据处理。

5. 注意事项

（1）水中称重受试者必须空腹，水温员好维持在 35～36℃，接近身体温度。

（2）运用皮脂厚度法时，每次测试前将指针调至零点，捏起皮脂时，不要将皮下其他组织一同提起或用力过大；测最后，应缓慢松开皮脂厚度计，以免影响压强。

（3）使用生物电阻抗法时，须空腹，并且避免测试前激烈运动。

二、运动生物化学

实验一　无氧运动负荷和运动效果的综合评定

（一）急性无氧运动强度的评定

1．实验目的

运用多项生化指标对（一次）无氧运动的强度进行综合评定。

2．实验对象与运动方案

将大学生教学班分为若干组，每组5～6人，每组随机抽取2～3人为受试者，其余同学承担测试工作，受试者进行准备活动后，可进行3种运动；1/3在田径场进行10s的计时跑，1/3进行400m全力跑，其余受试者进行快速的5层楼上下楼梯运动。

3．指标选择与取样

可选血乳酸、尿蛋白。分别于安静、运动后3～5min取血，安静和运动后15～20min取尿，待用。同时测定安静时、运动后即刻和运动后1min心率。

4．测定指标

严格按照有关方法进行。

5．实验结果

将测试结果填入表3-10中：

表3-10 急性无氧运动强度的评定结果

运动方案	序号	姓名	心率（次/min）			血乳酸（mmol/L）		尿蛋白（mg%）	
			运动前	运动后即刻	运动后1min	安静	运动后3～5min	安静	运动15～20min
方案一									
方案二									

6．结果分析

分析3种不同运动方式后各指标的变化及其原因，进而了解3种不同运动方式的运动强度。分析时注意测试结果的总体趋势和个体差异。

提示：10s 的计时全力跑、快速的上下楼梯运动均为磷酸原为主要功能系统的无氧运动，因此，受试者在完成运动后，其主要乳酸浓度的变化不会太大，但 400m 全力跑则主要以糖酵解系统功能为主，运动后受试者的血乳酸浓度会大幅度的增加，400m 全力跑后，尿蛋白的变化也较 10s 的计时全力跑、快速的上下楼梯运动后明显。

7. 注意事项

实验评定一次无氧运动的强度，因此，要特别注意取样时间的控制。

（二）无氧间歇运动训练课运动负荷的评定

1. 实验目的

了解和掌握一堂无氧间歇运动训练课的运动强度和运动量的综合评定方法。

2. 实验对象与运动方案

大学生：有条件的教学班在田径或游泳无氧运动训练课进行该实验，安排部分同学承担取样工作。

运动员：校队或专业运动员的一堂无氧运动训练课，根据教练员运动训练的实际安排，随机选择训练队员为受试者。

3. 指标选择与取样

可选择血乳酸、血氨、尿蛋白。分别于安静和运动后 3 ~5min 取血以测定血乳酸浓度；分别于安静、运动后 10min 及次日晨取血以测定血尿素浓度；分别于安静、运动后 15 ~20min、4hr 和次日晨取尿以测定尿蛋白浓度。

4. 测定指标

严格按照有关方法进行。

5. 实验结果

将测试结果填入表 3-11 中：

表 3-11　无氧间歇运动训练课运动负荷的

序号	姓名	血乳酸(mmol/L)		血尿素(mmol/L)			尿蛋白(mg%)			
		安静	运动后 3 ~5min	安静	运动后 10min	次日晨	安静	运动后 15 ~20min	运动后 4hr	次日晨

6. 结果分析

分析一堂训练课各指标的变化及其原因，了解该训练课的运动量以及受试者的恢复与适应情况，分析时注意测试结果的总体趋势和个体差异。

提示：由于所选运动方式为无氧功能的运动训练，且受试者受到一次训练课中多次运动的累积影响，因此，受试者在完成运动后，其血乳酸、血氨、尿蛋白浓度出现不同程度的增加。血乳酸、血氨的升高主要是反映运动强度，尿蛋白的增加说明运动量较大。若运动后4hr受试者的尿蛋白浓度下降，并在次日晨恢复到安静水平，说明受试者的身体机能状况适应训练课的运动负荷；如果不能恢复，则说明受试者对运动负荷不适应，训练机会可适当调节。

7. 注意事项

由于是评定一次训练课的运动负荷，因此各指标的安静值最好以晨起或午休后的测定值为准，也可根据具体安排加以确定。

（三）力量训练运动强度的评定

1. 实验目的

评定一次训练的运动强度。

2. 实验对象与运动方案

大学生：将大教学班分为若干组，每组5～6人，每组随机抽取2～3人为受试者，其余同学承担测试工作，受试者进行完成准备活动后，进行力量练习，可举杠铃、投掷、力量练习等，根据受试者的运动能力由教师确定强度。

运动员：校队或专业运动员的力量训练课，根据教练员运动训练的实际安排，随机选择训练队员为受试者。

3. 指标选择与取样

可选取血乳酸和血清CK。分别于安静时、运动后3～5min和次日晨取血，待用。同时测安静时、运动后即刻和运动后1min心率。

4. 测定指标

严格按照有关方法进行。

5. 实验结果

将测试结果填入表3-12中。

表 3-12　力量训练运动强度的评定结果

序号	姓名	心率(次/min)			血乳酸(mmol/L)			血清 CK(nmol/L)		
		安静	运动后即刻	运动后1min	安静	运动后即刻	运动后1min	安静	运动后即刻	运动后1min

6. 结果分析

分析力量练习后各指标及其原因,了解该训练课的运动强度以及受试者的恢复与适应情况,分析时应注意测试结果的总体趋势和个体差异。

提示: 大强度的力量训练可导致骨骼肌细胞出现一定程度的损伤,出现血清 CK 活性的升高;若次日晨恢复到运动前水平,说明受试者对训练能适应,恢复较好。由于大强度力量训练主要是磷酸原功能系统功能,所以血乳酸浓度不会出现大幅度的提升。

实验二　有氧运动负荷和运动效果的综合评定

(一) 一堂周期性耐力运动训练课强度和运动量的评定

1. 实验目的

本实验从运动强度、运动量、运动后的恢复状况 3 个方面对周期性耐力训练进行综合评定。

2. 实验对象与运动方案

大学生:有条件的教学班,在田径周期性耐力运动训练课时可进行该实验。

运动员:校队或专业运动员的一堂耐力运动训练课,根据教练员运动训练实际安排,随机选择训练队员为受试者。

3. 指标选择与取样

可选择血尿素、血乳酸和尿蛋白指标。于安静和次日晨取血,用于血尿素浓度的测定;于安静和运动后 3 ~ 5min 取血,用于血乳酸浓度的测定; 于安静、运动后 15 ~ 20min 和次日晨取尿,用于尿蛋白的测定。同时测定安静时、运动后即刻和运动后 1min 的心率。

4. 测定指标

严格按照有关方法进行。

5. 实验结果

将实验结果填入表3-13中。

表3-13　一堂周期性耐力运动训练课强度和运动量的评定

序号	姓名	心率(次/min)			血乳酸(mmol/L)		尿蛋白(nmol/L)			血尿素(mmol/L)		
		安静	运动后即刻	运动后1min	安静	运动后3~5min	安静	运动后15~20min	次日晨	安静	运动后10min	次日晨

6. 结果分析

分析耐力训练课后各指标的变化及其原因,了解训练课的运动强度、运动量以及受试者的恢复与适应情况。分析时应注意测试结果的总体趋势和个体差异。

提示:该实验通过血乳酸浓度的变化,反应运动强度的大小和功能特点,耐力训练由于以有氧供能为主,血乳酸浓度增加幅度不大,但由于训练课的持续时间较长,运动量较大,运动后受试者的血尿素浓度会出现明显的增加,受试者运动后尿蛋白也会呈阳性,且浓度升高幅度较大。如果次日晨受试者的血尿素浓度恢复到安静水平,尿蛋白浓度恢复到阳性,则说明受试者对前一天的训练能够适应;如果两项或有一项质变不能恢复,则说明前一天的训练课运动量过大,受试者不适应。

7. 注意事项

本实验在去晨尿时,应要求受试者在晚上就寝前排空尿液,并将夜尿的尿液和晨起第1次的尿液收集在一起,供晨尿尿蛋白浓度的测定。

(二)一次有氧运动运动负荷的评定

1. 实验目的

评定一次有氧运动的运动强度,了解和比较不同耐力运动的供能特点。

2. 实验对象与运动方案

大学生:将教学班分为若干组,每组5~6人,每组随机抽取2~3人为受试者,其余同学承担测试工作。受试者完成准备活动后,进行3 000m以上距离的长跑运动,最好能进行两种不同距离的长跑,以便进行比较。

3. 指标选择与取样

可选血乳酸和血尿素指标。于安静及运动后 3 ~ 5min 取血,用于血乳酸浓度的测定;于安静及运动后 10min 取血,用于血尿素浓度的测定。同时测安静时、运动后即刻和运动后 1min 心率。

4. 指标测定

严格按照有关方法进行。

5. 实验结果

将测试结果填入表 3-14 中。

表 3-14 一次有氧运动负荷的评定结果

序号	姓名	心率(次/min)			血乳酸(mmol/L)		血尿素(mmol/L)		
		运动前	运动后即刻	运动后1min	运动前	运动后	运动前	运动后	次日晨

6. 结果分析

分析一次耐力运动后各指标的变化及其原因,比较不同时间耐力运动的运动强度、运动量及供能特点的差异。分析时应注意测试结果的总体趋势和个体差异。

提示: 进行不同时间的有氧运动,随着运动时间的延长,血乳酸浓度增加的幅度会逐渐减小,而血尿素浓度的增加幅度则可能出现相反的变化。

7. 注意事项

本实验选择的是一次性有氧运动,运动的持续时间对所测指标变化的影响较大,因此最好能连续运动时间超过 15min。

(三) 无氧、有氧混合型运动负荷的评定

1. 实验目的

学习无氧、有氧混合型的非周期项目的运动负荷和训练效果的评定方法。

2. 实验对象与运动方案

选择球类运动作为本实验的运动方式。以球类项目的学生或运动员为受试者,进行一场篮球、排球或足球教学比赛。

3. 指标选择与取样

分别于安静、训练课后 3 ~ 5min 取血,用于测定血乳酸浓度;于安静、运动后15～20min以及次日晨取尿,用于测定尿蛋白浓度。同时测安静时、运动后即刻和运动后1min心率。

4. 指标测定

严格按照有关方法进行。

5. 实验结果

将测试结果填入表3-15中。

表3-15　无氧、有氧混合型运动负荷的评定结果

序号	姓名	心率(次/min)			血乳酸(nmol/L)		尿蛋白(mg%)		
		运动前	运动后即刻	运动后1min	运动前	运动后	运动前	运动后	次日晨

6. 结果分析

分析一场球类比赛后各指标的变化及其原因,了解该比赛的运动强度、运动量以及受试者的恢复与适应情况。

提示:球类项目属有氧、无氧混合型运动项目。在运动过程中,无氧功能和有氧功能系统均参与骨骼肌收缩的能量供应。因此,运动后受试者的血乳酸浓度会上升,但幅度不会太大。同时球类项目比赛的时间较长,运动量也较大,运动后受试者的尿蛋白浓度会增加,出现阳性,但次日晨可恢复至阴性,否则说明比赛的运动负荷过大,受试者不适应。

7. 注意事项

球类项目属无氧有氧混合型运动项目,但不同位置的运动员在能量供应和点上又有差异。因此,不同位置的运动员的主要功能特点是有所区别的。另一方面,球类项目比赛过程中由于对手的强弱不同,比赛的激烈程度不同,运动强度也有很大差异,如果能在实验中注意区别观察,评定效果则更客观、准确。

实验三　体育锻炼效果的综合评定

1. 实验目的

学习有氧运动锻炼效果的生化综合评定方法。

2. 实验对象与运动方案

在非体育专业教学班中随机选择10～15名同学为受试者,或中老年锻炼者10~15名。制订有氧运动锻炼方案,其内容可采取快走、慢跑、游泳、太极拳等,每天锻炼30~40min,共2~3周时间。运动时间和方式可因受试者的年龄、身体健康状况等而有所区别。但运动方案制订后要求受试者严格按照方案进行锻炼。

3. 指标选择与取样

指标组合:血脂(血浆脂蛋白)、血糖、血红蛋白。

分别于锻炼前和锻炼后的安静状态取血,可同时进行体成分和骨密度的测定。

4. 指标测定

严格按照有关方法进行。

5. 实验结果

将测试结果填入表3-16中。

表3-16 有氧耐力运动锻炼效果的综合评定结果

序号	姓名	血脂(mg/dl)			血糖(mmol/L)		血红蛋白(g%)		
		运动前	运动后即刻	运动后1min	运动前	运动后	运动前	运动后	次日晨

6. 结果分析

根据测试数据结果,分析长期有氧耐力锻炼后各指标的变化及其原因,并对锻炼效果做出评价。

提示: 适宜的有氧运动锻炼可以有效地改善血脂成分,血糖高者可降低血糖,提高血红蛋白含量,增强免疫功能。如果锻炼周期过短,则可能上述效果均不明显。如果锻炼的强度和运动量过大,反而会出现血红蛋白下降,危害健康。

7. 注意事项

有条件的可用Inbody 3.0和骨密度仪进行体成分和骨密度的测定。操作时应严格按照一定操作规程进行。

选择受试者时,要进行身体检查,尤其是中老年锻炼者。疾病患者或有隐疾者均不宜作为受试者参加实验,以免出现不利影响。

在制订运动锻炼方案前,应查阅有关文献资料,以保证方案的可行、有效。

第 4 单元　设计性实验

实验一　人体运动过程中生理功能的变化

1. 实验目的

针对运动中人体功能变化的一般规律，就赛前状态、进入工作状态、稳定状态、疲劳和恢复过程设计不同的运动方式、运动负荷，观察人体在不同运动条件下的生理功能变化（如观察心血管机能和呼吸机能指标）。通过本实验的设计和实施，使学生初步掌握人体运动实验的基本原理、设计要求、操作规程、实验步骤和分析方法。

2. 实验要求

（1）熟悉运动生理学教材中有关人体运动过程中功能变化规律和运动负荷等内容，对所研究设计实验的目的、内容、基本方法有所理解和认识。

（2）就人体运动功能变化规律的研究内容、指标、研究方法开展小组讨论。

（3）选定几组关键词，进行文献检索，由个人独自提出自己的研究方案。由每个设计人陈述自己的方案。然后以小组为单位对每个人的设计进行讨论，比较每一设计方案的具体研究内容和技术路线，进行综合改进后，制订一套新的实验方案。

（4）进行实验的分工和实验前期准备，选定 2 名组员为实验对象（男女各 1 名），进行预实验。根据预实验的情况，对实验设计方案进行必要的调整。

3. 实验器材与试剂

台阶、功率自行车、跑台、秒表、节拍器、心率遥测仪、心肺功能仪、血压计、听诊器、肺活量计、呼吸频率测试仪、75% 乙醇、导电膏等。

4. 实验参考方案

（1）5 min 定量台阶负荷前、中、后各阶段生理功能的变化。

① 记录台阶实验前、中、后各阶段心率、血压、肺通气量等指标的变化，并绘制曲线。

② 对实验测试数据进行统计处理和分析。

（2）递增负荷运动过程中心肺功能的变化。

① 测量仪器：跑台、自动气体分析仪、双向活瓣呼吸口罩、电极及导电膏。

② 测量方法：运动速度与跑台坡度，按 Bruce 方案程控调节步行的坡度和速度，分 7 个负荷等级。每级负荷阶段运动时间为 3 min。运动时要求受试者双手不扶扶手，直至力竭为止。各阶段的速度与坡度见表 4-1。

实验室气压、气温、温度均经仪器调整换算为标准状态，每次测试前，均用标准气样校正。

表 4-1　Bruce 递增负荷方案

阶段	速度（km/h）	坡度（%）	阶段	速度（km/h）	坡度（%）
1	2.7	10	5	8.0	18
2	4.0	12	6	8.8	20
3	5.4	14	7	9.6	22
4	6.7	16			

③ 测试步骤：测试前，先向受试者简要讲解测试方法和要求，令受试者做适应性练习，以消除紧张恐惧心理并适应在跑台上运动的方式。贴好电极，带好呼吸口罩，检查是否漏气，准备好后，即按上述运动方案（速度、坡度及每级负荷时间）开始运动，直至受试者力竭而终止测试。每级最后 30s 自动记录心率及气体分析数据并打印、绘图。此实验应注意以下几点：

a. 在做递增负荷试验前，应对受试者进行严格的体格检查，可用心电图机进行监测，以免发生意外。

b. 测试过程中，应注意观察受试者体力变化。受试者运动节奏明显失调应立即停止测试。

c. 运动速度、跑台坡度以及自动分析气样的时间，应按标准化程序严格控制。

（3）运动比赛中的心率测量。

① 测量仪器：心率遥测仪、计算机、心率分析系统。

② 测量方法：心率遥测仪由一个系于胸部的发射器和一块腕表接收器组成，它实现心率无线监测、传送和接收模拟及数字心率信号，回放和显示记忆文件信息。把发射器和松紧带连接好；调整松紧带至合适长度，用清水蘸湿传送器的电极区域；将发射带佩带于胸部以下，扣好按扣；确

认电极区域和皮肤完全接触，POLAR 标志正置于胸前中间位置，戴好腕表。在日期、时间状态下，按 SELECT 键。心率测试开始，开始搜索传送密码。几秒钟后，心率读数显示在屏幕底线上。按（SET/START/STOP）键，秒表开始计时，同时开始自动记录心率信息，用于评价运动训练效果，从而合理调整运动量。适用于无身体接触的运动项目及耐力性项目。比较运动前、运动中各时期及运动后的恢复情况。

5. 要点与难点

（1）要点：本实验涉及运动负荷器材和心肺功能测量的精密仪器，运动负荷的控制是影响试验结果的主要因素，因此需要熟练正确地使用仪器，掌握测试的时机，准确地获得数据。

（2）难点：运动中心肺功能变化的试验有很多，研究方法和技术路线比较成熟，要在设计上创新有一定难度。

实验二　不同运动状态下肌肉活动的表面肌电特点

1. 实验目的

应用 sEMG 信号时频分析技术，观察：

（1）非疲劳状态下肌肉活动的力—电关系；

（2）不同强度疲劳性运动条件下肌肉活动的力—电关系。

2. 实验要求

（1）掌握 sEMG 信号时频分析的基本方法。

（2）运用运动生理学的有关研究理论解释非疲劳状态下肌肉活动的力—电关系和疲劳性运动条件下肌肉活动的力—电关系的可能原因和生理机制。

（3）应用 sEMG 信号分析技术评价局部肌肉疲劳程度。

3. 实验器材与试剂

sEMG 信号采集与分析系统，肌肉拉力传感器，酒精棉球，导电膏，生物信号采集与处理系统。

4. 实验参考方案

（1）非疲劳状态下肌肉活动的力—电关系。

以肱二头肌为例，探讨其在静态间断性递增负荷方式下的 sEMG 信号变化规律和特点。受试者正坐于约 90cm 高的实验台前，保持躯干垂直，膝、踝关节成 90 度。右侧上臂水平、前臂垂直，掌心向内置于支撑台面，手腕与拉力传感器通过细钢丝相连接，左侧上肢自然放松置于体侧，双脚平放于固定的脚踏板。

正式测试前,要求受试者保持上述标准动作姿势先进行3次最大屈肘肌力(MVC)测试,各次测试的时间间隔为5min。取最大值作为右臂肱二头肌的最大屈肘肌力。然后依据受试者的MVC确定相当于20%、40%、60%、80% MVC拉力的负荷重量。

运动负荷试验按照以上的负重顺序依次进行,采用等长运动负荷方式,每档强度的等长收缩维持5s,期间保证10 min的休息。采用双电极法进行记录肱二头肌sEMG信号。其中,探测电极相距2 cm,置于肱二头肌肌腹部位,与肌纤维呈平行放置,参照电极置于内侧3cm处。贴电极前用细砂纸轻擦皮肤表面去除角质,然后用医用酒精棉球清除皮肤表面。

运动负荷试验结束后,调取存盘的sEMG数据,运用sEMG信号分析软件,分别计算不同强度负荷过程中的平均肌电值(AEMG)和平均功率频率值(MPF),绘制力—电关系曲线。

(2)不同强度运动诱发肌肉疲劳过程中力—电关系。

以肱二头肌为例,探讨其在静态疲劳性运动负荷过程中sEMG信号变化规律和特点。试验过程中受试者采取的姿势以及MVC测定同上,分别取30%、60%和90% MVC作为不同强度运动负荷的重量。

运动负荷过程中,要求受试者尽可能长时间地保持肘关节90度,当无法满足这一要求5 s以上时,停止试验,记录运动负荷持续时间。不同负荷强度的试验之间要求间隔20~30 min进行。运动负荷试验过程中,连续记录肱二头肌的sEMG信号。试验结束后,调取存盘的sEMG数据,运用sEMG信号分析软件,分别计算不同强度疲劳性运动负荷过程中的平均肌电值(AEMG)和平均功率频率值(MPF),绘制sEME—负荷时间关系曲线。

5. 要点与难点

实验前24h受试者应尽量避免进行大运动负荷的运动。

(1)非疲劳实验的持续时间应控制在5s,期间安排10min的休息,以避免前次实验的影响。

(2)疲劳性运动负荷实验的间隔时间应控制在20~30min,以避免前次实验的影响。

(3)实验前受试者应做好准备活动。

实验三　运动对氧运输系统功能的影响

1. 实验目的

(1) 进一步加深对氧运输系统的理解。

(2) 学习和掌握 CORTEX 等心肺功能测试系统的基本操作方法。

(3) 分析在运动中氧运输系统变化的原因。

2. 实验要求

(1) 进行实验分组,提前查阅有关资料,各实验组集体讨论并设计实验方案。

(2) 实验前,组织各实验组进行讨论学习,对各组的实验方案进行修改,确定实验的最终方案。

3. 实验器材与试剂

CORTEX 系统(Matesoft 3)、跑台或功率自行车、75%乙醇、脱脂棉、气压计、心率遥测仪、血压计等。

4. 实验参考方案

通过观察在运动中气体代谢情况,来反映运动中氧运输系统的变化情况。本实验采用经典的 Bruce 方案,观察运动中潮气量、呼吸频率、每分通气量、最大自主通气量、呼吸交换率、呼吸末 CO_2 分压、氧脉搏、摄氧量、心率、心输出量等指标的变化。

(1) 设置准备。

确保肺功能测试仪器和负荷设备相互连接,同时测试仪器运行正常。

① 提前将 Matesoft 肺功能测试仪器打开,进行预热。进入设备配置界面,进行"设备配置"选择一个训练模式(选择与测试设备相连接的设备项目)。具体操作见操作说明。

② 进入 Matesoft 3,点击校准设置。根据气压计显示,进行气压校准、气体校准和容量校准。

③ 根据受试者的情况,选择合适的呼吸面罩,并做好消毒工作。

(2) 实验测试。

① 正式测试之前,进入"数据库管理",选择"受试者"。添加受试者的基本资料,以待测试。同时选择负荷方案,可以选择实验所需要的 Bruce 运动方案(表 4-2),也可根据需要自行设计运动负荷。详细设置见操作说明。

② 进入测试评估。选择 STATERA 一测试,点击"受试者"按钮,选择

已经提前输入的受试者名字,然后进入对象管理。选择“新建”,选择“单一参数显示”,屏幕出现一个“单一参数显示框”,右键单击,选择要观察的参数指标。将要观察的参数都选择好后,进入“测试屏幕”选择保存,于是测试过程中参数指标显示屏幕就被保存下来。

表 4-2　Bruce 方案的程序设置

分级	速度(mph)	坡度%	时间(min)	Mets
1	1.7	10	3	4.0
2	2.5	12	3	6.8
3	3.4	14	3	10.0
4	4.2	15	3	14.2
5	5.0	18	3	16.0
6	5.5	20	3	18.0
7	6.0	22	3	20.6

③ 让受试者佩带心率遥测仪、面罩,选择“测量”中的“预备测量”。

④先进行预实验,各种参数能够准确获取后,再进行正式测试。点击开始测量,测试开始。

⑤测试结束后,进入“测试评估”,针对测试结果进行分析。如果还想观察其他测试指标,选择“测试报告”中的“设置”即可。利用“测试屏幕中”的“选择”可对屏幕显示的观察指标进行保存,以便打印。

5. 要点与难点

(1) 实验前,尽量进行身体一般检查,对于有心肺功能疾病史患者,不应参加此实验,防止意外发生。

(2) 气体采集系统必须保证不漏气,呼吸面罩内死腔面积约为 400 cm^2。

(3) 气体分析装置使用前必须进行充分的预热,各种功能必须处于正常状态。正式实验前必须进行温度、压力、通气量的校正。

(4) 实验室温度应保持在 19 ~20℃,相对湿度为 40% ~60%。实验室内空气必须保持新鲜,其含氧量应保持在 20.90%。

(5) 可依据本单位心肺功能的设备型号选择不同的运动方案(如递增速度、递增坡度、不同运动时间)。

实验四　不同人群有氧运动能力的比较

1. 实验目的

与人体有氧运动能力相关的评价指标有最大摄氧量、台阶指数、心功能指数、脉搏、血压、血红蛋白、体重、体成分以及有氧功率等,这些指标受年龄、性别、遗传、运动、工种等因素的影响。本实验拟通过选取若干相关的评价指标对不同人群有氧运动能力进行测定,比较不同人群有氧运动能力的差异,同时学习和掌握实验研究的科学方法。

2. 实验要求

(1) 根据实验目的,选择研究对象。

(2) 根据实验条件,选择有氧运动能力的敏感指标进行测定。

(3) 设计表格,准确记录原始数据。

(4) 严格按照所选指标的测试方法进行实验测试。

(5) 待全部测试完成后,按实验设计要求进行数据的统计学处理,进行结果分析。

(6) 完成实验报告或者实验论文。

3. 实验器材与试剂

测试所需的实验器材与药品在前面验证型实验和综合型实验中已有说明,可供参考。同时学生可根据本单位的实际条件,设计新的实验方案。

4. 实验参考方案

(1) 高中男生和女生有氧运动能力的比较研究(实验设计方案)。

① 实验目的:比较高中男生和女生之间有氧运动能力的差异。

② 实验原理:通过测定受试者身高、体重、最大摄氧量、心功能指数、血红蛋白含量等指标来评价高中男生和女生之间有氧运动能力的差异。

③ 实验对象:某中学高二年级随机抽取10名男生和10名女生。

④ 器材和药品:皮尺、体重计、台阶、秒表、节拍器、血红蛋白计、采血针、蒸馏水、95%乙醇、乙醚、75%乙醇、棉球、0.1mol/L HCl、血红蛋白稀释液、铁氰化钾等。

(2) 实验步骤。

① 测定身高、体重、最大摄氧量(台阶测试法)、血红蛋白含量等指标。详细测试方法请参照验证型实验和综合型实验内容。

② 心功能指数(瑞典)。

受试者静坐5min,然后测定3次稳定的15s脉率,换算成1min脉率(P1)。令受试者在30s内做30次蹲起,测量恢复期第1、2分钟前15s脉率,折算成1min脉率,分别定位P2、P3。将各值代入公式计算其指数,并按照表4-3的k值进行评定。

$$k = (P1 + P2 + P3 - 200) \div 10$$

表 4-3　心功能指数评价表

指数(K)	评定	指数(K)	评定
≤0	优	11～15	下
1～5	良	>16	差
6～10	中		

③ 在提前做好的记录表 4-4 上记录实验数据。

表 4-4　心功能指数(30s20 次起蹲)结果记录

姓名	性别	安静状态下 3 次稳定的 15s 脉率			恢复期第 1 分钟前 15s 脉率	恢复期第 2 分钟前 15s 脉率
		第一次	第二次	第三次		

④ 利用 EXCEL 软件进行统计学计算,处理实验结果(表 4-5)。

表 4-5　实验结果

组别	身高(cm)	体重(kg)	最大摄氧量		心功能指数	血红蛋白含量(g/L)
			绝对值(L)	相对值(mL/kg)		
男生组	168.5 ±5.7					
女生组	155.5 ±6.3*					

5. 要点与难点

(1) 确定研究对象,选取样本数量要适当。

(2) 与有氧运动能力有关的指标要综合考虑,符合本单位实验条件。

(3) 指标测试操作过程要严格,动作规范。

(4) 实验报告或者实验论文要言之成理,分析间距要有理有据,重点在实验研究设计、分析、论证的能力培养。

实验五　有氧健身运动处方的制定

1. 实验目的

掌握有氧健身运动处方制定的原则、原理、程序及方法,熟悉运动处方的内容。

2. 实验要求

(1) 要求学生在教师的协助下独立为一定的实验对象制定出一套完整的有氧健身运动处方。

(2) 能在制定有氧健身运动处方的基础上对其进行恰当的修改和调

整,使运动处方更适合参加者。

(3) 熟悉运动处方的内容,特别是四要素,以及运动处方的常用格式。

(4) 至少掌握一种确定运动强度的方法。

3. 实验器材与试剂

心电图仪、心率遥测仪、RPE 表、电动跑台、功率自行车、运动心肺功能测试系统、身高体重计、血压计、秒表等。

4. 实验参考方案

(1) 运动处方参考格式(表4-6)。

表4-6　有氧健身运动处方示例

姓名: ××　性别:男　年龄: 21 岁
身高: 170cm　体重: 60kg
1. 健康状况及病史询问
家庭史家族无遗传和传染病史,无其他特殊疾病史。
既往史既往体健,无特殊疾病史。
健康状况目前健康状况良好。
2. 体格检查
经检查未见身体形态、机能、心理等明显异常。
3. 目前体质状况
部分体质指标测试成绩[根据中国《学生体质健康标准》(试行立案)]:
肺活量体重指数 50.3;台阶试验 43.3; 立定跳远(cm)231.7;握力体重指数 61.7。
4. 锻炼目标
发展心肺功能。
5. 运动强度
最大心率199 次/min;静息心率70 次/min;靶心率147 ~173 次/min。
6. 运动形式
主项: 有氧健身操、集体舞、各式跳绳;辅项:太极拳、跑步、游泳、自行车
7. 运动频率及持续时间
每周3 ~4 次,每次40 ~50min(不含准备和整理活动时间)。
8. 准备活动内容
慢跑和关节活动操。(8 ~10min)
9. 整理活动内容
放松全身肌肉,尤其是小腿和手臂肌肉。走或慢跑。(8 ~10min)
10. 注意事项
(1) 注意运动强度的把握,互通过心率来进行控制。
(2) 确保运动前准备活动和运动后的整理活动充分。
11. 运动处方的修改和调整
经过实施,该同学基本适应此运动处方,因此未做特殊改动,建议每 8 周复制一次体质指标以修正处方。

制定者: ××　时间: ××年××月××日

（2）实验时，3～5 位同学分为一组共同进行，可选择实验对象（本班、本院或本校同学、工作人员或其他人员均可），每次实验最好有多种不同类型（如不同年龄、性别等）的实验对象，从而通过实验了解不同情况下制定运动处方的差异，体现运动处方的个性化。

（3）运动处方的制定可参考以下程序进行。

① 对实验对象进行一般调查（询问家族史、既往史、目前健康状况、测量身高、体重等），填写 PAR-Q（Physical Activity Readiness Questionnaire）筛选问卷。

表 4-7　改良的 PAR-Q 筛选问卷*

	是	否	问题
1.	□	□	医生是否告诉过您患有心脏病或仅能参加医生推荐的体力活动？
2.	□	□	当您进行体力活动或运动时，是否有过胸痛或严重憋气的感觉？
3.	□	□	自上个月以来，您未参加体力活动或运动时是否有过胸痛或严重憋气的感觉？
4.	□	□	近 6 个月来，当您进行体力活动或运动时，是否曾因为头晕跌倒或失去知觉？
5.	□	□	您是否有因体力活动或运动加重的骨或关节疼痛或功能障碍？
6.	□	□	医生是否告诉过您的血压超过 180/110 mmHg？

注：*本表适用对象的年龄为 15～69 周岁。

*有一个或以上问题答是，则应先到医院进行相关的检查，再根据医生的建议来制定运动处方。

② 对实验对象进行系统的身体检查（形态、机能、心理），进一步明确健康状况。

③ 进行体能测试（台阶试验、12min 跑等），了解实验对象目前的有氧工作能力水平。

④ 全面分析实验对象的具体情况，找出亟待解决的主要问题，确定目标。

⑤ 根据主要目标制定具体的运动处方，内容参考表 4-6。制定处方的关键在于确定运动强度。常用的方法有按照靶心率或最大摄氧量贮备百分比来确定运动强度，也可将其量化为游速或跑速。

⑥ 按运动处方活动一段时间以后，根据实验对象的生理反应对运动处方进行微调，然后暂时固定下来，开始实施。

⑦ 实施运动处方一段时间后，再次进行体能测试（最好和实施前选用相同方法，以便比较），根据结果评价运动处方的效果，并重新修订调整运动处方的内容。

（4）有氧健身运动处方示例（见表 4-6）。

实验对象为非体育专业的某大学生。

5. 要点与难点

（1）体能测试，依具体的条件选择合适的方法。

（2）制定运动处方需考虑年龄、性别、体能、健康状态的差异。

（3）在运动处方制定和实施过程中，首先需要有一个观察期，使参加者适应所推荐的运动，同时观察参加者的生理反应。然后根据观察结果对运动处方进行修改和调整，这样才能将运动处方暂时固定下来。

（4）运动处方实施过程中常常需要根据参加者的反应进行调整，特别是实施了较长一段时间后参加者的有氧工作能力得以较大提高，这时要对运动处方进行较大的调整甚至重新设计。

（5）运动强度的确定是制定运动处方的难点，务必真正掌握每种方法的原理运用，实验中应注意根据实验对象采用合适的方法。

实验六　低氧环境对氧运输系统和运动能力的影响

1. 实验目的

（1）观察并分析低氧环境对氧运输系统和运动能力的影响。

（2）掌握在人工低氧环境中运动生理生化指标的测试方法。

2. 实验要求

（1）3 ~5 人为一组制订一套实验方案。

（2）确定运动方式，选择不同实验对象、运动方案和测试指标。

（3）选用不同低氧水平与设备、运动时间，经预实验后进行答辩，然后进行正式实验。根据实验结果，书写实验报告。

3. 实验器材与试剂

自行车功率计或跑台、呼吸面罩、人工低氧系统、低氧仪、心肺功能测试系统、肌力测试仪器、三通活栓、多氏袋、气量计、心率遥测仪、血压计、听诊器、秒表、75% 乙醇、棉球等。

4. 实验参考方案

（1）常压状态时的生理学指标测定。

① 装心率遥测仪。

② 准备活动:受试者蹬自行车功率计(或跑台),按功率 50W,运动 3min。

③ 疲劳实验:准备活动后休息 1min,然后按规定的逐级递增负荷连续进行运动,男性从 150W 开始,女性从 100W 开始,每 3min 递增 50W,直到筋疲力尽跟不上测功器的转速为止。记录运动过程中的最大心率和力竭时间。

④ 运动后即刻测定受试者心率、血压、呼吸频率、呼吸深度等指标。

(2) 低氧状态时生理学指标的测定。

① 为受试者戴上呼吸面罩和心率传感器,开启低氧仪并接通呼吸面罩,将低氧仪的氧分压值调节到 10% ~15% ±1% 范围内,氧气浓度可依据实验需要设定。

② 做与正常气压状态下相同的运动实验,直到力竭,记录低氧运动最大心率和力竭时间。

③ 运动后即刻测定受试者心率、血压、呼吸频率、呼吸深度等指标,与正常气压状态下的生理指标做对比,来评价低氧环境对运动能力及心肺功能的影响。

5. 要点与难点

(1) 低氧仪氧分压浓度的大小可根据实验需要进行选择,一般选择的低氧范围最大是 10% ~20% 之间。

(2) 低氧刺激的时间不能太短,否则机体接受低氧刺激的强度不足,对运动训练没有什么大的作用。

实验七 运动负荷与能量测定

1. 实验目的

应用能量代谢的测定原理和技术方法,结合不同项目的运动特点和代谢特征,设计试验方法,观察和测定不同项目的运动负荷及其能量代谢。

根据不同项目的运动特点,确定运动负荷的生理指标和方法。应用能量代谢的间接测定方法,对不同项目运动负荷下的能量代谢进行测定。严格按照设计型实验的要求进行,开拓思路、掌握方法、齐心协力、培养学生的科研能力。

2. 实验要求

在确定运动负荷时,要考虑运动的方式,即周期性运动、非周期性运动、混合性运动等运动项目的不同特点。在运动负荷的强烈刺激作用下，与运动相关的各器官系统的机能状态都会受到不同程度的影响。因此，生理负荷量的大小可以用某些生理、生化指标的变化来衡量。运动负荷的外部表现为量和强度;其内部表现为心率、血压、吸氧量、血乳酸等生理指标变化。一般来说,运动负荷越大,刺激的强度也越大,所引起的机体代谢的反应也越大,各项生理、生化指标变化也越明显。

3. 实验器材与试剂

跑台、行车功量计、气体分析仪、POLAR 表、血乳酸测量仪、气体收集装置、血压计、秒表、节拍器、75% 乙醇、采血装置、注射器、静脉留置针、药棉等。

4. 实验参考方案

(1) 能量代谢间接测定的方法与步骤。

① 气体代谢法。

② 步骤:

a. 准确测量吸入气和呼出气的氧和二氧化碳浓度,计算出耗氧量和二氧化碳排出量。

b. 求呼吸商($RQ = CO_2/O_2$)。

c. 查非蛋白呼吸商所对应的氧热价表(表 4-8),用氧热价乘以一定时间内的总耗氧量,即可得出单位时间内的产热量。注意最后要把肌肉做功量折算成产热量,加入总能量中去。(1cal =4.187J 或 1kcal =4.187kJ)

表 4-8　氧热价表

呼吸商	热量(kcal)	呼吸商	热量(kcal)	呼吸商	热量(kcal)
0.70	4.686	0.81	4.813	0.92	4.948
0.71	4.690	0.82	4.825	0.93	4.960
0.72	4.702	0.83	4.838	0.94	4.973
0.73	4.714	0.84	4.850	0.95	4.985
0.74	4.727	0.85	4.863	0.96	4.997
0.75	4.737	0.86	4.875	0.97	5.010
0.76	4.752	0.87	4.887	0.98	5.022
0.77	4.764	0.88	4.900	0.99	5.034
0.78	4.776	0.89	4.912	1.00	5.047
0.79	4.789	0.90	4.924		
0.80	4.801	0.91	4.936		

(2) 一次性运动负荷(或运动强度)的确定方法。

① 运动后即刻10s的心率。

② 最大心率的百分比。

③ 运动后即刻血压的变化。

④ 最大吸氧量的百分比。

⑤ 相对代谢率(BMR)或梅脱(MET)。

⑥ 最大血乳酸的百分比。

⑦ 相对速度(单位时间的跑速、游速等)。

(3) 实验室测定的参考方案(要注意实验条件的严格控制)。

① 递增负荷运动的实验设计。

② 匀速负荷(或恒量负荷)运动的实验设计。

③ 最大负荷(功率)运动的实验设计。

④ 设定某一负荷(功率)运动的实验设计。

(4) 运动现场测定的参考方案。

要考虑不同运动项目的技术特点(周期性、非周期性、混合类)和代谢特征(有氧、无氧、混合性)。

① 球类运动:篮球、排球、足球、乒乓球、羽毛球、网球等球类运动。

② 田径运动:短跑、中跑、长跑。

③ 游泳运动:短、中、长距离游泳。

④ 武术运动:套路类与散打技击类。

⑤ 其他运动:非周期类运动项目等。

5. 要点与难点

(1) 要点。

① 考虑不同运动项目的技术特点和代谢特征。

② 确定运动负荷的测量标准和方法。

③ 实验室测定要求定量化。

④ 运动现场测定要求定性化。

(2) 难点。

① 实验条件控制的严格程度。

② 测试数据的收集要求准确。

③ 功量计算要求细心和准确。

④ 实验设计程序要严谨有序。

实验八　训练效果的生理学评价

1. 实验目的

学会运用生理学指标与方法对训练效果进行评定。

2. 实验要求

运动训练对机体各器官系统的结构与功能都将产生显著的影响，从而形成运动员独特的身体形态与功能特征。通过测定安静状态、运动状态以及运动后恢复期的生理指标可对运动员的训练效果做出客观的评价，并为运动训练的科学化提供参考依据。通过本实验使学生了解和掌握评定训练效果的生理学指标与方法，并能针对不同个体或群体以及不同专项运动员设计评定受试者训练水平或训练效果的适宜方法和手段。

3. 实验器材与试剂

自行车功率计或跑台、台阶（女25cm、男30cm）、心率遥测仪或心电图仪（或手触脉搏的方法监测心率）、骨密度仪、背力计、心肺功能测试系统等。

4. 实验参考方案

（1）评定训练效果常用的指标与方法。

① 安静状态下训练效果的生理学评定：在相对安静状态下，与运动密切相关的各器官系统应显示出良好的生物学适应特征，因此可选择运动系统、氧运输系统和神经系统等指标进行测试与分析。例如，随着运动员训练水平的提高，在运动系统方面表现为骨密度增加、骨骼肌纤维增粗、肌肉力量增强等；在氧运输系统方面表现为心搏徐缓或基础心率（晨脉）降低、肺活量增大等；在神经系统方面表现为反应时缩短等。

② 定量负荷状态下训练效果的生理学评定：定量负荷一般选择极限下负荷或中等强度的负荷。与无训练者相比，有训练者在从事定量负荷时的反应特征主要表现为：运动开始时机能动员得较快；运动过程中机能反应较低，做功能力较强；运动结束后机能恢复较快。目前国内外常用的定量负荷试验有：哈佛台阶试验、联合机能试验、PWC_{170}试验等。

③ 最大负荷状态下训练效果的生理学评定：最大负荷也称极限负荷，指受试者竭尽全力完成的负荷。与无训练者相比，有训练者在从事最大负荷时的反应特征主要表现为：运动开始时机能动员得较快；运动过程中机能反应较大，各器官系统的机能水平较高，并表现出非凡的运动潜力；运动结束后机能恢复较快。常用的最大负荷运动试验如最大摄氧量（VO_{2max}）测定等。

(2) 参考方案。

以功率自行车定量负荷运动试验为例对运动员训练效果进行评定。

① 方法步骤:

a. 选择有训练者和无训练者各 10 名,分为 2 组。

b. 受试者进入实验室后静坐 5min,测定安静时心率。

c. 受试者在功率自行车上进行中等负荷 5min 蹬踏自行车运动,并测定受试者运动过程中每分钟的心率、肺通气量和耗氧量等相关指标。

d. 运动结束后测定受试者恢复期(3 ~ 5min)每分钟的心率、肺通气量和吸氧量等相关指标。

② 评定:有训练者或训练水平较高者在相对安静状态下和定量负荷工作时各项测试指标均显示出明显的机能节省化现象,并且运动后各项指标恢复至相对安静水平的时间较短,恢复较快。

5. 要点与难点

(1) 应用生理学指标与方法评定训练效果时,所选择或设计的指标与方法应客观、准确、有效。

(2) 安静状态下某些生理指标的评定(如心率、能量消耗等)可选择在基础状态下(即清晨起床前)进行测定。

(3) 甲、乙受试者定量负荷的确定应相对一致。如以本人最大负荷的 50% 的负荷进行实验测试;或以受试者在运动过程中心率达到一定水平如 170 次/min(即 PWC_{170})或 150 次/min(即 PWC_{150})的相对稳定状态下单位时间内机体所做的功进行定量负荷测试。

(4) 定量负荷的持续时间应以心率达到相对稳定水平为度,以使受试者身体功能充分动员起来并达到相对稳定状态,持续 3 ~ 5 min 即可(一般不应少于 3 min)。

(5) 运动后的恢复期通常以各项指标恢复至相对安静时水平所需的时间来确定。

(6) 如果没有心率遥测仪或心电图仪,可以用手触脉搏的方法计数安静时、运动负荷后即刻和运动后恢复期每分钟第 1 个 10 秒钟的心率,然后乘以 6 即为每分钟的心率次数。

实验九 运动性疲劳的特征、诊断与消除

1. 实验目的

在学习运动性疲劳与恢复手段理论知识的基础上,通过学生自行设

计与实施操作,培养学生运用理论知识指导实践的能力。

2. 实验要求

(1) 学生依据导论课进行分组(4~5人为一组),并查阅运动性疲劳的诊断与清除方面的文献,寻找设计思路,小组反复进行讨论,写出实验设计报告。实验设计内容包括:题目、原理、方法、步骤、预期结果与分析、参考文献等。

(2) 实验设计答辩。由教师组织,每个实验设计组在全班进行答辩,依据答辩意见修改并最终确定实验设计(确定并选取2~5个测试指标)。

(3) 测试对象和选用指标要切实可行,敏感易测。

3. 实验器材与试剂

肺活量计、反应时测定仪、血压计、听诊器、诊断床、两脚规、闪烁值测定仪和秒表、按摩仪器,理疗器械、吸氧仪、针灸器械、气体代谢测试仪、心功能测试系统、肺功能测试系统、心电图仪、肌电图仪、等速肌力测试系统等(根据需要选择使用)。

4. 实验参考方案

运动性疲劳主要包括:局部性疲劳、整体性疲劳等。由于出现运动性疲劳的运动方式、发生部位以及产生机制不同,在设计实验时,应注意突出运动的性质和运动的特征,以便于诊断。

(1) 局部骨骼肌疲劳的诊断。

① 负重进行肱三头肌弯举训练,或股四头肌蹲起训练,或任意选一块大肌肉训练。

② 严格控制负荷重量、组数、间隔时间和总时间。

③ 通过完成负荷重量、时间和次数变化,准确判定疲劳。

④ 同时测定反应时、运动时、肌电图、血乳酸、疲劳自觉症状等指标,共同判断分析疲劳程度。

⑤ 消除疲劳可以采用物理手段、按摩、药物等治疗方法。

(2) 整体疲劳的诊断。

① 安排马拉松跑、球类(足球)比赛或多肌群参加的全身性运动练习,或利用运动平板、功率自行车等设定运动负荷。

② 严格控制负荷量和负荷强度。

③ 观察运动员的表现和疲劳自觉症状,准确判定疲劳。

④ 同时测定反应时、运动时、皮肤空间阈、闪光融合频率、肌电图、脑

电图、心电图、生化指标等，共同判断、分析疲劳程度。

⑤ 消除疲劳可以采用物理手段、按摩、药物、心理、营养等治疗方法。

(3) 心肺功能疲劳的诊断。

① 进行中等以上强度的有氧练习，活动内容不限。

② 严格控制负荷总量。

③ 观察运动员的表现和疲劳自觉症状，准确判定疲劳。

④ 自觉疲劳后，测定 CO、HR、SV、呼吸肌力量耐力、血压体位反射等指标，共同判断分析疲劳程度。

⑤ 消除心肺功能疲劳可以采用积极性休息、物理手段、按摩、药物、心理、营养等治疗方法。

5. 主要测试指标与评价

(1) 主要测试指标的操作步骤。

① 反应时受试者取坐姿，连续测定 5 次红灯信号反应时（每次间隔 10s），取其平均值。

反应时简易测定法：用一直径 2 ~2.5 cm，长 50cm 的圆棒，上面画有相间 1cm 的刻度，作为测试器材（也可用长木尺代替）。测试的准备姿势是：手掌微张形，受试者测试手食指与拇指相对。实验人员手持木棒上端（木棒与地面成垂直），将木棒下端置于受试者测试手食指与拇指形成的水平面上。受试者注视木棒 10cm 左右处。当实验人员松手木棒下落时，受试者应尽快将木棒握住。木棒下端及相当于食拇指平面间的距离为下落距离（s）。然后将 s 代人下列公式，计算出反应时（T）。

$$T = \sqrt{2s/g}$$

注：重力加速度 $g = 980cm/s^2$

此实验也可用落尺来完成，落尺上的刻度是根据公式换算成以时间为单位的，受试者在落尺下落时所握住的刻度就是反应时间（具体测试方法与上同）。

② 呼吸肌力量耐力：连续测定受试者 5 次肺活量（每间隔 15s 测定 1 次），记录每一次的肺活量值。

③ 膝反射阈：受试者闭上眼睛，坐在椅子上小腿下垂，检测者将膝反射阈测定器上的重锤（H 为 200g）调节到正好对准膝盖下髌韧带的中央，从角度计（M）5 高度上开始让重锤落下，叩打腿部，以后每次增加下落角度 5，间隔 5s 让重锤落下叩打腱部，直至引起膝跳反射动作的最小落下角度，就是阈值。

④ 血压体位反射：受试者取坐姿，测其安静时血压，然后躺卧在诊断床上 3min，并使受试者返回坐姿（推受试者背部，使其被动坐起）立即测定血压，每 30s 测定 1 次，共测 2min。

⑤ 皮肤空间阈：实验人员持触觉计或两脚规，将其两端以同样的力轻触受试者皮肤，先从感觉不是两点的距离开始，逐渐加大两脚规距离，直到受试者感到了两点的最小距离作为皮肤空间阈（两点阈）。

⑥ 闪光融合频率：受试者坐在闪烁值测定仪的前面。测定仪的高度要与受试者的面部在同一水平面上，接触测定仪的窥视窗口，眼睛注视闪光屏。检测者控制测定仪上的数字显示器调节旋钮，使闪光频率次数逐渐从慢到快，直至受试者感到断续的闪光变成连续光感时为止。引起连续光感时的断续闪光的最小频率，即为闪光融合频率（或称闪光融合阈），可以从测定仪上的数字显示器上读数，记录其频率（周/s）。测3 次，取平均值。

⑦ 时间再生法：让受试者看钟表的秒针走动 1min，然后闭眼，每隔 20s 举手发出信号，共做 15 ~ 20 次。检测者记录受试者每次发出信号之间的时间间隔。由此计算出平均值及标准差，再按这两个值算出动摇度即（标准差/平均值）^{2}。

（2）实验结果评定。

① 反应时：运动后疲劳时反应时延长。

② 呼吸肌力量耐力：运动后疲劳时肺活量一次比一次下降。

③ 膝反射阈按表 4-9 评定。

表 4-9　膝反射阈评定表

疲劳程度	增加角度	恢复速度
轻度	5 ~ 10	睡一夜可以恢复
中度	15 ~ 30	直到次日才能恢复
重度	> 35	休息 1 周才能恢复

④ 血压体位反射：若在 2min 内完全恢复，说明没有疲劳恢复；一半以上为轻度疲劳；完全不能恢复为重度疲劳。

⑤ 皮肤空间阈：皮肤空间阈值较安静时增加 1.5 ~ 2 倍为轻度疲劳，增加 2 倍以上为重度疲劳。

⑥ 闪光融合频率按表 4-10 评定。

表 4-10 闪光融合频率评定表

疲劳程度	闪光频率减少(周/s)	恢复速度
轻度	1.0－3.9	休息后当日可以恢复
中度	4.0－7.9	睡一夜才能恢复
重度	>8	休息一夜不能完全恢复

⑦ 时间再生法：动摇度在0.03～0.07为轻度疲劳，在0.08以上为重度疲劳。

⑧ 主观判断：根据受试者的主观感觉判断疲劳程度，受试者可以根据运动中的主观感觉判断疲劳程度，按Borg设计的RPE表（表4-11），报出级别。

表 4-11 RPE 分级表

级别	疲劳程度	级别	疲劳程度
7、8	……非常轻松	15、16	……累
9、10	……很轻松	17、18	……很累
11、12	……尚轻松	19、20	……精疲力竭
13、14	……稍累		

⑨ 疲劳自觉症状评定见表4-12。

表 4-12 疲劳自觉症状测定表

A. 症状	B. 精神症状	C. 神经感觉的症状
1. 头沉	1. 意识不清，头昏眼花	1. 眼睛疲劳，眼冒金星，眼无神
2. 头痛	2. 思想不集中，厌倦思考	2. 眼发涩，眼发干
3. 全身懒倦	3. 不爱动，不爱说话	3. 动作不灵活，容易出错误
4. 身体某处无力	4. 针孔样痛	4. 脚跟发软，脚步不稳
5. 肩发酸	5. 困倦	5. 味觉改变，嗅觉厌腻
6. 呼吸困难，气短	6. 精神涣散	6. 眩晕
7. 腿无力	7. 对事情不积极	7. 眼皮和其他肌肉跳动
8. 没有唾液，口干	8. 记忆力减退	8. 听觉迟钝，耳鸣
9. 打哈欠	9. 做事没有信心，多处错误	9. 手脚发颤
10. 出冷汗	10. 对事情放心不下，操心	10. 不能安静下来

⑩ 心电图：疲劳时S-T段向下偏移，T波可能倒置。

⑪ 肌电图：疲劳时肌电振幅增大，频率降低，电机械延迟（简称EMD），积分肌电（IEMC）逐渐加大，均方根振幅（EMS）明显增加。

⑫ 脑电图可作为判断疲劳的一项参考指标。疲劳时由于神经元抑制过程的发展，可表现为慢波成分的增加。

（3）生理与生化指标评定。

① 物质能量系统代谢指标。

a. 血乳酸。同一个体安静时超过正常值范围，运动时最大乳酸值下降，在相同负荷练习后血乳酸升高或清除时间延长是运动性疲劳的征象之一。

b. 血尿素。身体对运动负荷的适应性越差，尿素生成越多。在一次训练课后，次日清晨，血尿素超过8.0mmol/L时，表明运动量过大，机体有潜在疲劳。

c. 血氨。训练水平高的运动员血氨变化相对较低，运动性高血氨是运动性疲劳的重要因素之一。

d. 尿蛋白。在大运动量训练期，如果晨尿中蛋白含量较高或超出正常范围，可能是过度疲劳或过度训练的表现。

e. 尿胆原。当运动负荷增大、身体有疲劳感、机能状态不佳时，尿胆原增加。安静状态下高于2mg%，且连续2～3d，是疲劳的表现，应调整运动负荷。

② 氧运输系统指标。

a. HR。定量负荷后，恢复时间延长、基础心率加快是疲劳的征象之一。

b. Hb。大负荷训练日，血红蛋白持续下降或低于正常值是疲劳的征象之一。

③ 内分泌系统。

a. 血睾酮（T）。在疲劳、过度训练或机能状态不好时，血睾酮水平下降。

b. 皮质醇（C）。当运动后血皮质醇仍高于安静水平，就会导致机体分解代谢过于旺盛，较高的血皮质醇水平会抑制机体的免疫机能，使运动员出现感冒、发烧等症状。

c. 血睾酮/皮质醇比值（T/C）。如果血清T/C比值出现大幅度降低，则有可能是分解代谢大于合成代谢，机体有潜在疲劳，不利于恢复。

（4）运动性疲劳的清除。

运动性疲劳的消除有多种手段。例如，活动性手段、营养性手段、中医药手段、物理手段、心理学手段、睡眠等。具体操作参见体育保健学方面的教材。

6. 要点与难点

（1）受试者身体健康，无疾病。否则不能进行实验。

（2）严格控制运动负荷和操作过程，以防测量误差。

（3）预防运动伤病发生。

第 5 单元　拓展性实验

一、肌肉机能的生理生化指标测试与评定

实验一　肌肉电生理测试与评定

1. 肌电的产生

肌肉与躯体的其他活组织一样,在其静息状态和活动时,都显示有规律的电活动现象。当肌肉兴奋时所产生的生物电活动,称为肌肉的动作电位或动作电流。可用针电极(插入肌肉)或表面电极作引导电极,通过肌电图机的放大系统与阴极射线示波器显示波形,进行观察或记录,即为肌电图。

在正常静息状态下,肌细胞膜由于对周围不同化学离子的通透情况不同,使膜外聚集较多的正离子,膜内有较多的负离子,形成膜外为正电位,膜内为负电位的极化状态。当肌纤维兴奋时,膜通透性发生变化,大量正离子内流,使原先的极化状态消失而变成去极化,此时膜外为负电位,膜内为正电位。这使组织兴奋部位的表面负电位与邻近未兴奋部位表面的正电位之间,出现了电位差,电流就沿肌纤维向两端扩布,这种扩布着的负电位就是肌肉的动作电位。动作电位标志肌肉的兴奋,是肌肉收缩的先兆。

肌肉的活动受神经系统的支配。运动神经元的轴突自脑脊髓发出到肌肉表面时,分出许多细微分支,分支的末梢最后终止于运动终板,运动终板介于神经与肌肉之间,为神经与肌肉的接头,将神经的兴奋传递至肌肉,使肌肉发生兴奋,产生电活动和收缩。一个运动神经轴突在接近其终止部位可有数个到数百甚至上千的分支,每一分支支配一根肌肉纤维,一般支配着 3 ~ 200 条肌纤维,随肌肉机能不同而异,如每一运动单位仅支配眼球小肌肉的 5 ~ 10 根肌纤维,而对腓肠肌则支配 1 600 根。运动单位是由运动神经元及它的轴突所支配的肌纤维所组成。一个运动神经元的一次冲动所产生的收缩反应,只是它所支配的肌纤维的一次颤搐收缩。正常出现的肌肉活动的极小电位是一个运动单位的收缩,而不是整块肌

肉与单个肌纤维的收缩。

2. 肌电的生理学意义

（1）运动单位。

运动单位是肌肉活动的最小单位。一个运动单位，由一个前角细胞及轴突和末梢分支所支配的全部肌纤维组成。每个运动单位所支配肌纤维的数目随肌肉而不同，如腓肠肌有1 600根以上肌纤维，而眼肌则只有5～10根。一个运动单位所占部位的大小，以其横切直径而定：上肢为5～7mm，下肢为7～10mm。一块肌肉其运动单位数量可高达几百，甚至上千。

（2）动作电位的产生。

肌肉或神经纤维动作电位的产生，是因为半透膜两侧存在－90mV电位差，称为静息膜电位。进入细胞内的极少数运动单位使静息膜电位差降低至－55mV，即去极化的阈电位。一旦去极化发生，动作电位就以全或无的方式沿细胞膜传播。兴奋波之后，立即恢复到静息状态。如果将一探针放在去极化膜的附近处，肌电图可将此兴奋波拾取、放大并加以显示。

因为组织是容积导体，所获得的兴奋波的形态取决于电极和兴奋波的相对位置。根据这一关系，动作电位可能是单相、双相或三相波。

3. 肌电的测试方法

肌电图检查时病人宜平卧床上，使其肌肉完全放松，如只检查上肢则可采用坐位，将手臂舒适地放在测定桌上。

常用的电极有两种：一是皮肤电极或称表面电极，安放于所检查的肌肉表面的皮肤上；二是针形电极或称同轴针电极，用时插入肌腹中。表面电极能检查出大面积的电极变化，但不适用于对纤颤电位及单个肌纤维活动的检查。针电极则可检查出单个运动单位的电位变化，在纤维颤动时可观察到单根肌纤维的电位变化，它可以提供肌肉详细的电位变化，但它不能显示所探测肌肉全部区域变化，这可用多部位的记录来弥补此不足。外周径0.65毫米针形电极用于肢体肌肉，外径0.42毫米用于头面、眼球或其他小肌肉。针形电极有双极、多极及单极三种。用针形电极检查时，局部先行消毒后，将无菌的针形电极插入肌腹中，如为多导肌电图机，可在同一检查的肌肉中插入2～3根电极，每点击相隔1厘米。若插入时不见肌电位，可稍后更换位置后再插入。一般在针电极插入肌肉时即可见插入电位，但很快即行消失。如病人完全放松，肌肉处于休息状态时，不出现肌电活动。对紧张的病人，可让病人先收缩一下肌肉，然后再放松可得到较好的休息。面部表情肌是不可能完全放松的，故在休止时也时常可见动作电位。其他如前臂、手及颈肌也不易放松。针插入后观察肌肉休止（松弛）时，轻度及强度收缩时出现的电位。一般记录纸速可用50毫米/秒，采用间断及连续两种方式，间断记录用于分析个别动作电位，而连续记录则用于分析最大收缩时的电位变化。由于各种电位的时限不等（自1~2毫秒到20毫秒以上），可选用以下四种扫描速度：2毫秒/毫米用于长时限肌电位记录；1毫秒/毫米用于正常动作电位总时限的测定；0.5毫秒/毫米用于记录纤颤电位及短时限动作电位；0.25毫秒/毫米用于电位的全面观察，如动作电位高尖的正相和反折的负相。

应用一定形状和电量的电流刺激周围神经干，观察记录该神经支配的肌肉的反应肌电位或诱发电位和神经传导速度（运动及感觉），更能客观地反映神经损伤的程度和预后。一般用脉冲直流电刺激，脉冲持续时间为0.2毫秒，电流为直角波形，电流强度为30毫安以下。电刺激应使受刺激的神经所支配的肌肉产生较大的收缩，通过在该肌肉表面设过的皮肤电极引出肌电位，根据肌电图上不同扫描速度，可以测定以电流刺激点到肌肉收缩所需时间（t）（此时间包括了：① 神经刺激的潜伏期；② 神经本身传导时间；③ 在神经肌肉接头处的延搁；④从运动终板到记录肌肉反应的传导时间）。

4. 肌电的评价

（1）正常肌电图常规肌电图一般用针电极检查，至少包括三个步骤：

① 插入时。针插入或移动时可诱发短于0.3s的电活动。

② 放松时。正常情况下应当无任何电活动，称为电静息。正常自发活动有两种：一种为始相为负的两相短时限电位，是正常的终板电位；一种为束颤电位，波形同运动单位电位，可能为异常，也可能为正常。

③ 轻用力时。用力程度为最大用力的4%~30%时出现一个个孤立的运动单位活动电位，是一个运动神经元所支配的一群肌纤维同步兴奋的结果，正常为1~3相，5~15ms，数十至数千μV，时限和电压均因年龄、肌肉等而异。正常肌肉中有3%~12%的多相电位。峰数多于相数的电位称为锯齿电位。

最大用力时正常情况下各MUAP重叠，各峰间没有静息期，称为干扰型肌电图。出现有电静息为干扰不充分，可能为异常，也可能为用力不充分。

(2) 异常肌电图。

① 插入时。插入活动延长见于肌肉失神经支配或肌强直病;插入活动缩短见于周期性麻痹的麻痹期,肌病或神经病致肌肉被结缔组织或脂肪代替。

② 放松时。可能出现纤颤电位和正相电位。纤颤电位是神经支配后肌纤维自发颤搐,在细胞外记录到的电位。2~3相,始相为正,主相为负,时限1~5ms,振幅20~200μV。正相波是自肌肉损伤部记录到的肌纤维活动电位,起始为小于5ms的正相波,继以低幅长时限的负相波。全波时限约10~30ms,振幅20~200μV。应注意二者与短时限MUAP及终板电位的区别。纤颤电位和正相波可见于许多神经原性和肌原性疾病,如各种运动神经元、神经根、神经丛、周围神经(尤其是轴索)的伤病和神经肌肉接头病,也可见于各型肌营养不良、肌炎、高钾性周期性麻痹、中毒性肌病、横纹肌溶解、旋毛虫病和肌肉损伤。

(3) 轻度用力时。

出现两类MUAP:一类为短时限,往往伴随低振幅;一类为长时限,往往伴随高振幅。多相电位可以独立出现,也可以伴随上述两类MUAP出现。

① 短时限MUAP。20个MUAP的平均时限短于正常值的20%时为短时限MUAP,其原因在于运动单位的肌纤维萎缩或有解剖上与生理上的数量减少。振幅多较低,也可能正常。短时限MUAP可见于各种重症肌无力征和肌营养不良,中毒性与先天性肌病,多肌炎和周围性麻痹,也可见于神经恢复支配的早期和神经性萎缩的晚期。

② 长时限MUAP。20个MUAP的平均时限长于正常值的20%时为长时限MUAP。其原因在于正常的或再生的轴索发出侧芽支配失神经支配的肌纤维,使运动单位的范围扩大,或者肌纤维密度增加。也可能是由于神经传导减慢而致肌纤维兴奋不同步。长时限MUAP往往伴有振幅增高,但也可正常。振幅的变异大,难以作为判断正常与否的依据。长时限MUAP多见于各种运动神经元病,发生侧芽的神经病,慢性神经根病或神经病,神经病的后遗症以及慢性肌炎。

③ 多相电位。正常人也可记录出少量多相电位,在各条肌肉中的发生率不同,发生率高于正常时则为病理性。多相电位中少数远离的电位主成分,称为卫星电位。多相电位发生的原因是肌纤维或神经轴突再生,使运动单位的各肌纤维不同时兴奋。多相电位可能是高振幅,也可能是

低振幅,可见于各种脊髓与周围神经疾病和肌肉疾病。

④ 群放电位。随意或不随意收缩时产生的一群电位,往往成节律性重复发放。其内容为许多 MUAP 的重合,各 MUAP 之间没有固定的关系。群放电位见于震颤麻痹、舞蹈病、手足徐动症等。

(4) 最大用力时。

干扰不充分表现为混合型或孤立型肌电图。前者是各 MUAP 经常重合但各重合波不完全连续。后者是仅出现少数几个 MUAP,各个 MUAP 的图形互不重合。病理性干扰不充分可见于各种严重的神经病或肌肉疾病。干扰过度则常见于某些肌肉疾病。

实验二　等速肌力测试与评定

1. 等速肌力的产生

(1) 等速运动。

等速运动是指运动中,运动速度恒定(等速)而阻力可变,运动中的速度预先在等速仪器上设定,一旦设定,不管受试者用多大的力量,肢体运动的速度都不会超过预先设定的速度,受试者的主观用力只能使肌肉张力增高,力矩输出增加,而不能产生加速度(运动开始和末了的瞬时加速度和减速度除外)的一种运动。

等速运动时,肌纤维长度可缩短或拉长,引起明显的关节活动,是一种动力性收缩,类似于等张收缩。但运动中,等速仪器所提供的是一种顺应性阻力,阻力大小随肌肉收缩张力的大小而变化,类似等长收缩。因此,等速肌肉收缩兼有等张收缩和等长收缩的某些特点或优点,是一种特殊的肌肉收缩形式。

(2) 等速肌力测试。

将等速运动中肌肉收缩的过程通过等速仪器记录下来,经计算机处理,得到力矩曲线及多项反映肌肉功能的参数,作为评定肌肉运动功能的指标,这种测试方法称为等速肌力测试。

2. 等速肌力的生理学意义

等速肌力测试的目的与其他肌力测试的目的是一致的,主要包括以下几方面:

(1) 对肌肉病进行准确的肌肉功能评定,并能提供多个评价肌肉功能的客观指标,了解肌肉或神经肌肉功能损害程度。

(2) 通过肌力测试确立肌肉功能的基础值以此作为制订康复治疗方

案的参考依据。

（3）对各种康复治疗的疗效进行客观评价。等速仪器可提供较准确的肌肉功能评价指标,因此可对不同康复治疗、矫形手术治疗的疗效进行客观评价。

（4）对运动系统伤病进行辅助判断。等速仪器可提供清晰的力矩曲线,一些运动系统伤病可表现出各自的异常曲线。通过分析,这些异常力矩曲线可获得关节肌肉功能改变的客观信息,作为某些运动系统伤病的辅助诊断。但这种力矩曲线变化缺乏特异性,只能作为参考。

（5）科研工作通过对肌肉在不同收缩状态下,如等速向心、等速离心及等长等收缩功能进行测试和研究,以探讨肌肉最佳收缩方式,以利于指导临床上更有效地评价和训练患者的肌肉功能。

3. 等速肌力的测试方法

（1）测试的时间。

在损伤或手术后什么时候开始等速肌力测试,没有统一的标准,主要取决于损伤的类型、程度和愈合情况。一般而言,患者必须具有 4 级的肌力,即具有对抗阻力才能进行测试。当肌力只有 3 级或 3 级以下时,仅能在去除重力条件下进行测试,如在 CPM 程序下进行测试。

（2）测试方案。

等速肌力测试的方案,包括肌力测试方式、测试速度和测试次数等,在选择时应考虑损伤的类型、程度和愈合情况而决定。

肌力测试的方式根据测试中肌肉收缩长度的变化将肌力测试分为以下几种方式:

① 等速向心肌力测试。测试时,等速仪器提供一种顺应性阻力,阻力的大小与实际肌力大小相匹配,肌肉收缩使肌纤维长度缩短,肌肉起止点向中心点靠近,是一种向心收缩。等速向心肌力测试是临床上最常用的一种肌力测试方式,选择时常采用主动肌/拮抗肌的向心收缩方式,这样一次测试可同时测试两组拮抗肌群。

② 等速离心肌力测试。测试时,等速仪器杠杆自动摆动,其力矩大于肌肉收缩产生的力矩,而使肌肉在收缩中被仪器的杠杆被动拉长,肌肉的起止点远离中心点,称为离心收缩。可选择向心收缩/离心收缩与离心收缩/离心收缩两种测试方式。前者主要是测试一组肌群的向心收缩和离心收缩肌力,后者主要测试主动肌/拮抗肌两组肌群的离心收缩肌力。

③ 测试速度。为了反映肌群的运动功能,可选择几种不同运动速度

进行测试。通常60°/s称为慢速测试,主要用于肌力的测试;180°/s为快速测试,主要用于肌肉耐力的测试;在60°/s～180°/s之间的为中速测试,同样用于肌力测试。如果将运动速度设为0°/s即为等长肌力测试。为了避免测试中肌肉疲劳,通常先测肌肉的力量,后测肌肉的耐力。在选择测试速度时,可根据受试对象不同,选择不同测试速度,例如运动员测试速度可快,而患者的测试速度相对要慢。等速离心收缩的测试速度要比等速向心收缩的测试速度慢,这是因为离心收缩速度过快易损伤肌肉韧带组织。

④ 测试次数。测试肌力时可选择慢速或中速测试,重复次数为5次,主要用于判断最大肌力和分析力矩曲线的形态。测试肌肉耐力时,可选择快速测试,重复次数为20～25次,运动员可达到30次,主要观察肌肉耐力指数和肌肉疲劳曲线。

⑤ 间歇时间。可在测试前,预先设置每次测试和每组测试后的休息时间。测试中,每种测试速度之间通常间歇60s,以使肌肉有短暂休息。耐力测试后需要间歇90s以上。两侧肢体的测试之间应间歇3～5min。为避免过度疲劳,不应在同一天进行两组上肢或下肢的测试,如膝关节和踝关节不应在同一天测试。如果必须同一天测试,两组肌群测试之间应有1小时的间歇时间。

⑥ 测试频率。测试频率应根据伤病的愈合情况以及训练的效果决定。一般在康复训练中,为了评价康复治疗的疗效,宜每月测试1次。

⑦ 预测试。在正式测试前,应先让患者进行几次预测试,以使患者熟悉测试方法和要领。有研究表明,正式测试前进行3次亚极量用力运动作为预测试可增加测试结果的准确性。

(3) 等速肌力测试的禁忌证。

等速肌力测试前应详细检查患者,如存在以下情况应推迟测试时间或禁止等速肌力测试。

① 相对禁忌证。如患者有急性肌肉关节损伤、风湿性关节炎、明显疼痛、渗出性滑膜炎等,应推迟测试时间,待病情好转后再测试。

② 绝对禁忌证。如患者有以下情况,如关节不稳、骨折愈合未坚、被测关节周围有严重骨质疏松、急性肿胀、严重疼痛、活动范围极度受限、严重渗出、急性扭伤、骨或关节的肿瘤等应禁止等速肌力测试。

4. 等速肌力的评价

(1) 等速肌力测试的指标及意义。

① 峰力矩(peaktorque)。即由仪器描记得的力矩曲线最高点所代表

的力矩值。此值随运动速度的增加而下降。设想转速为0时最大等速力矩即为关节处于相应角度时的最大等长力矩。有观察发现,运动速度为每分钟3转即3rpm或18°/秒时,最大等速力矩为最大等长力矩的81.2%,在15rpm或90°/秒时则降至66.6%。故记录峰力矩时必须说明测试时的运动速度。

② 峰力矩体重比。即单位体重的蜂力矩。对下肢负重肌肉的肌力评定较有意义。有人认为运动员以60°/秒伸膝时,股四头肌的峰力矩体重比应在100%以上。

③ 最佳用力角度及指定角度时的蜂力矩。通过力矩曲线的顶点引一垂线交于关节角度曲线,可以测得关节当时所处角度,即为最佳用力角度。相反从关节角度曲线上的指定一点作垂直线交于力矩曲线,可测得指定角度时的力矩。此指标对机械及用具设计有意义。

④ 拮抗肌力矩比例。如膝屈、伸肌力矩比(flexion^extension),可在不同运动速度及指定角度时计算,提示拮抗肌肌力平衡情况。此指标对判断关节稳定性有意义。

⑤ 最大动幅。关节角度曲线中出现的最大振幅(maxiurn ROMtested),提示关节运动的最大幅度。

⑥ 力矩加大能力。指力矩产生1/8秒中的做功量,即头1/8秒力矩曲线下的面积,可代表肌肉活动的灵敏度(muscularquickness)或肌肉的爆发力(explosiveness)。

⑦ 肌肉做功量。即指定次数运动力矩曲线下的面积之和,由计算机自动计算。

⑧ 耐力比。(endurance ratio)以180°/秒速度做连续25次最大运动时,最末5次与最初5次运动做功量的和的比值,为肌肉的耐力指标。

⑨ 平均动幅与平均关节活动范围。

平均动幅即每一动作的平均幅度。可以帮助区别两侧肢体做功量的差异是由于肌力或关节活动度的差异所致。平均动幅与最大动量有明显差异时提示肌肉明显疲劳或被试者合作不佳。

平均关节活动范围在等速肌力测试报告中常记录关节活动范围,目的是判断是否存在关节活动障碍的情况,同时帮助判断两侧肌群做功量差异的原因。

(2)测试结果的判断。

对于等速肌力测试的各项测试指标,可从以下几方面进行结果判断:

① 患者两侧肌力的自身比较。这是临床上最常用的评价方法。这种评价方法是建立在两侧肢体的肌肉功能是基本对称的基础上，因为对同一机体而言，两侧肌力的差异是较小的。除了从事上肢运动的运动员，如网球运动员、羽毛球运动员等，应考虑上肢优势侧的影响以外，对于其他人群而言，两侧肌力的差异是较小的。目前对测试结果的判断方法为：两侧肢体测试指标相差在10%以内为正常；相差>20%为异常；11%～19%为可疑异常。在各种测试指标中PT较为准确，TW、AP和TAE中等，而ER可信度较低，判断时应注意。

② 峰力矩体重比。如果患者两侧肌力均有改变，可计算峰力矩体重比，用相对峰力矩值与正常人群基础值进行比较后判断。

③ 与正常数据进行比较。这需要建立一系列不同年龄组、性别、不同种族的正常值数据库，并且不同等速仪器其数值也有差异。因此，要建立统一的正常值数据库是相当困难的。

(3) 等速肌力测试力矩曲线形态的分析。

等速肌力测试除能提供一些评价肌肉功能指标外，还能提供肌肉收缩过程中力矩变化的曲线，作为判断肌肉功能及肌肉关节病的另一个指标。在分析力矩曲线时，常选择慢速测试(60°/s)时获得的力矩曲线。因为此时力矩值较大，曲线上升、下降较为缓慢和清晰，便于分析和判断。在力矩曲线分析判断时应注意的是，有时虽有明显的肌肉关节病理变化存在，也不一定表现在力矩曲线上，相反有些不规则的力矩曲线对各种病理变化并无明显的特异性。因此，正确的诊断还是需要结合临床上的体格检查、X线检查或CT、MR检查等。

在目前力矩曲线分析方面，研究最多的是膝关节各种病理情况，如膝关节骨关节炎、前交叉韧带损伤、半月板损伤、髌骨半脱位等都有相应的力矩曲线异常表现。力矩曲线的异常常与测试时病变部位的疼痛或肌力减弱有关。例如，膝关节骨关节炎患者的力矩曲线表现为：在膝关节伸肌力矩曲线的初始阶段是正常的，当达到某一角度时，曲线突然明显下降，通过该角度后力矩曲线又上升，形成一双峰样改变(又称“疼痛弧”)。

实验三　肌损伤指标测试与评定

1. 血清肌酸激酶

(1) 血清肌酸激酶的定义。

肌酸激酶(CK)又称肌酸磷酸激酶，能可逆地催化肌酸和三磷酸腺苷生成磷酸肌酸和二磷酸腺苷的反应。在 pH 中性条件下,以 ATP 生成为主,以保证组织细胞的供能。正向反应利于线粒体内氧化磷酸化生成的 ATP,以磷酸肌酸的形式进入细胞液,满足细胞生理活动之需要。CK 广泛存在于骨骼肌、心肌和脑组织中。

(2) 血清肌酸激酶的生物化学意义。

肌酸激酶在肌肉收缩中的作用十分重要,它催化 ADP、CP 生成 ATP,以保证肌肉收缩时的能量的供应以及运动后 ATP 和 CP 的再合成。正常时,血清 CK 是肌酸激酶由骨骼肌或心肌细胞透过细胞膜进入血液的结果,其正常值在 100iu/l 以下。运动使血清肌酸激酶的活性升高,其原因是:运动时的缺氧,代谢产物堆积,功能相对不足等所引起的肌细胞膜通透性升高,或是肌细胞膜受到损伤,促使从细胞内释放加强。其中以肌肉牵拉造成的机械性损伤较为重要。例如,肌肉进行离心收缩时血清 CK 的升高比进行向心收缩要明显,再如跳跃、短跑等短时间激烈冲击性运动,也会引起血清 CK 活性的升高。我国短跑运动员在安静时,男性的血清 CK 活性为 78iu/l,女性的血清肌酸激酶浓度为 65iu/l。在大运动负荷训练(300 ~400m 跑,重复 4 ~5 次)或 100m、200m 跑比赛后,血清 CK 活性都显著上升,尤其在比赛后,升高更为显著,可上升至 734lu/l 左右,与急性心肌梗死患者的树枝相近;但不同的是前者来自骨骼肌,而后者来自心肌。应用血清 CK 活性做技能评定指标时,一般认为可 2 ~3d 取血测定一次。在一般复合运动后血清 CK 经常处于 100 ~200iu/l,如果超过 300iu/l,则说明强度过大,身体尚未恢复,这时应调整运动强度。

(3) 血清肌酸激酶的测定方法。

磷酸肌酸和 ADP 在 CK 的作用下生成肌酸和 ATP,ATP 与葡萄糖在己糖激酶的作用下生成 ADP 与 6 磷酸葡萄糖,6 - 磷酸葡萄糖与氧化型辅酶 2 在 6 磷酸葡萄酸脱氢酶的作用下生成 6 磷酸葡萄糖和还原性辅酶 2。

磷酸肌酸 + ADP 在 CK 作用下生成肌酸 + ATP

D-葡萄糖 + ATP 在 HK 作用下生成 ADP + 葡萄糖-6-磷酸

葡萄糖-6-磷酸 + NADP 在 G-6-PDH 作用下生成 6-磷酸葡萄糖酸 + NADPH + H

利用酶偶联反应原理连续监测氧化型辅酶还原生成还原性辅酶,后者引起 340nm 吸光度的增高,通过在 340nm 监测单位时间内生成的还原性辅酶 2 的生成量(A/min),可计算出 CK 的活性浓度。

（4）血清肌酸激酶的评价。

CK测定主要用于心肌梗死的诊断，对其他系统疾病的诊疗也具有一定意义。

① 急性心肌梗死，在发病2～4h开始升高，12～48h达到峰值，2～4天恢复正常，其升高程度较AST、LDH大，且出现早，与心肌损伤的程度基本一致，且心电图不易诊断的心内膜下心肌梗死和复发性心肌梗死时CK活性亦升高。动态监测有助于心肌梗死的病情观察和预后估计。

② 多发性肌炎、进行性肌营养不良、严重肌肉创伤等CK亦明显升高。

③ 脑血管意外、脑膜炎、全身性惊厥、休克、破伤风等CK活性亦升高。

④ 甲状腺功能低下，某些感染性疾病，恶性高热，剧烈运动，各种插管及手术，肌肉注射氯丙嗪、抗生素等CK亦增高。

⑤ 甲状腺功能亢进，系统性红斑狼疮，慢性关节炎及应用类固醇制剂、避孕药和化疗可使CK活性降低。

2. 尿肌酐

（1）尿肌酐的定义。

肌酐（creatinine，Cr）是肌肉中肌酸在人体内代谢的产物，人体肌酸的含量约120克，其中90%存在肌肉，每20g肌肉代谢可产生1mg肌酐。而且大部分以磷酸肌酸的形式而存在于肌肉中。磷酸肌酸脱去磷酸后生成肌酐。肌酐主要由肾小球滤过排出体外，所以经尿排出的肌酐就称为尿肌酐。它和血肌酐可以反映肾脏的排泄功能，是临床检查肾功能的常用指标。正常人日排出量十分稳定，成年男子日排出量约1～1.8克，女性为0.7～1克，不受食物蛋白质含量和尿量的影响，运动员也有类似情况。

（2）尿肌酐的生物化学意义。

尿肌酐系数是指24h每千克体重排出的尿肌酐的毫克数。该系数与运动能力的关系十分密切。研究结果表明，运动员的尿肌酐含量与运动成绩高度相关。因此，尿肌酐可以作为力量素质评定的一项生化指标。

（3）尿肌酐的评价。

① 尿液肌酐是体内肌酸代谢终产物，由肌酸经非酶促反应脱水生成后绝大部分由肾小球滤出，肾小管不重吸收，排泌至尿中。正常人尿液中肌酐排出量较恒定。临床检测uCrE主要用于评价肾脏功能，如血、尿肌酐同时测定并计算出其内生肌酐清除率，可较为准确评价其肾小球滤过

功能。尿肌酐的排泄量与肌肉量平行，男性高于女性，成人高于儿童。

② 尿液肌酐增多见于：生理性因素：肌肉量大者、长时间剧烈运动、肉食过多等；病理性因素：肢端肥大症、糖尿病及伤寒、斑疹伤寒、破伤风等消耗性疾病。

③ 尿液肌酐减少见于：碱中毒、急慢性肾功能衰竭、严重进行性肌萎缩、贫血、蛋白质热能营养不良（PEA）、白血病活动期、休克、失水等。

3．尿肌酸

（1）尿肌酸的定义。

人体内的肌酸，部分来自于食物，部分在体内合成。其存在部位绝大部分（约98%）在肌肉。骨骼肌及心肌含量高于平滑肌。骨骼肌所含肌酸大部分与磷酸结合成磷酸肌酸。磷酸肌酸含有一个高能磷酸键，是能量的储存形式。肾脏疾病时肌酸含量无明显改变，无临床价值，但在广泛肌肉损害疾病时，尿液中肌酸含量增高。

（2）尿肌酸的测定方法。

去蛋白终点法：标本样中的肌酐与碱性苦味酸盐反应，生成黄色的苦味酸肌酐复合物，在510nm波长比色测定。

（3）尿肌酸的评价。

① 升高：肌营养不良症、皮肌炎与多发性肌炎（多发性肌炎）、类固醇肌病、肌萎缩性侧索硬化症、急性脊髓前角炎、脊髓性进行肌萎缩症、甲状腺功能亢进症、挤压综合症、原发性肾上腺皮质功能减退症（艾迪生病）、类无睾症、肢端肥大症、烧伤、骨折、白血病、糖尿病等。生理性升高见于生长期儿童、妊娠、产后2周、饥饿、生肉饮食等。

② 减少：大量蛋白限制、肝硬化、甲状腺功能减退症等。

二、骨代谢机能的生理生化指标测试与评定

实验一　骨密度测试与评定

1．骨密度

骨密度是骨质量的一个重要标志，是反映骨质疏松程度，预测骨折危险性的重要依据。骨密度全称是骨骼矿物质密度，是骨骼强度的一个重要指标，骨是代谢活跃组织，骨内矿物质含量在不同的生理和病理条件下会发生变化，当这种变化超过某一限度时，骨的完整性则遭到破坏，功能

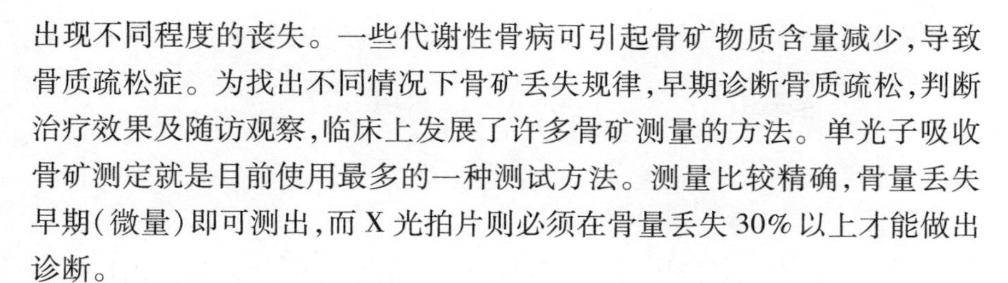

出现不同程度的丧失。一些代谢性骨病可引起骨矿物质含量减少,导致骨质疏松症。为找出不同情况下骨矿丢失规律,早期诊断骨质疏松,判断治疗效果及随访观察,临床上发展了许多骨矿测量的方法。单光子吸收骨矿测定就是目前使用最多的一种测试方法。测量比较精确,骨量丢失早期(微量)即可测出,而X光拍片则必须在骨量丢失30%以上才能做出诊断。

2. 骨密度的生理学意义

人体骨矿物质含量与骨骼强度和内环境稳定密切相关,因而是评价人类健康状况的重要指标。在生理状态下,人体骨骼中骨矿物质含量随年龄不同而异,在病理状态下,某些药物可导致骨矿含量改变。因此人体骨矿含量的定量测定已成为现代医学的一个重要课题。骨矿的常规检测主要是通过对人体骨矿含量测定,直接获得骨矿物质(主要是钙)的准确含量,它对判断和研究骨骼生理、病理和人的衰老程度以及诊断全身各种疾病均有重要作用。正常人骨矿含量与性别、年龄密切相关。同年龄组不同性别有差异,女性低于男性。同一性别随年龄增长发生相应的变化,35~40岁以后骨矿含量出现逐渐下降趋势,女性尤为显著。这些生理性变化数据也为疾病的诊断及不同原因所致的骨矿含量改变提供了重要诊断依据。

年龄与性别是影响人骨矿含量的因素之一。婴儿至青春期骨矿物质含量随年龄增长而增加,且无明显性别差异。青春期之后,骨矿含量的增加男性较女性显著,30~40岁达到最高峰值。以后骨矿物质含量随年龄的增长逐渐下降,女性下降幅度较男性大。有资料记载,对50~65岁妇女桡骨远端进行测量,每年骨矿物质含量下降率为0.011 8g/cm/year;一个老年人其桡骨远端的骨矿含量比骨峰值下降了39%左右。

体重、身高和骨横径也是影响人骨矿含量的因素之一。男性和绝经期前的妇女骨矿含量与身高呈正相关,绝经前和绝经后的妇女骨矿物质含量与体重呈正相关。由于骨横径的个体差异,使同龄人群的骨矿含量变化较大。若以骨矿含量/骨横径(BMC/BW. g/cm^2)对骨矿含量(BMC)进行修正,使同龄人正常曲线变异系数由12%降为9%,用多元回归法处理,将身高、体重、骨横径考虑在内,则变异系数降至6%,老年人的变异系数由20%降至10%,儿童降至8%。

运动和饮食对人体骨矿含量的影响是相当大的。实际观测证明:运动员桡骨及脊柱的骨矿含量明显高于对照组;摄入钙相同的情况下,从事体力劳动的人比不活动的人可保持较高的骨骼健康状态。骨专家的研究表明：高钙饮食的妇女其平均桡骨骨矿含量高于低钙饮食的妇女，活动量大而低钙饮食的妇女可保持较好的骨骼指数。所以注意饮食调整，多吃含钙量多的食物，适度体力劳动或运动，可以减少骨量丢失和骨折的危险性。

对正常人不同年龄段骨矿含量检测，以了解人体骨骼发育、成长和衰老过程中的骨矿含量变化规律。如果年轻人骨矿含量尚未达到高峰值，应采取饮食、药物同时补钙，加强锻炼，使骨矿含量达到高峰值水平。老年人除药物饮食补钙外，适当活动和晒太阳，能使骨矿物质含量提高或不继续降低。单光子骨矿测定仪的检测技术为临床提供了一个简单而非创伤性骨骼测量，由于它具有较高的准确性及精确性，用于观察人一生中正常骨矿含量的变化及各种疾病对骨的影响和药物疗效，为临床研究骨代谢病提供了有效的测量手段。

3. 骨密度的测定方法

从 20 世纪 30 年代开始人们认识到骨质疏松是以低骨量为主要特征的疾病，首先发展的是非创伤性的测量手段——用 X 线平片测量骨矿物质含量，但不够敏感，60 年代以后发展了单光子吸收法（SPA）和单能 X 线吸收法（SXA）用于测量尺、桡骨远端和跟骨的骨密度和骨矿含量。70 年代以后又发展了双光子吸收法（DPA）和双能 X 线吸收法（DEXA），并于 1987 年对所研制的仪器投产，用于测量全身及各部位包括腰椎和髋部的骨量。计算机断层扫描法（QCT）用于腰椎及其他部位骨量测量。目前正在研究中的几个方法包括核素骨显像法，康普顿散射法和中子活化分析法。80 年代末作为评价骨状态和骨质量，无辐射性的超声波骨密度和骨质量测定仪迅速地发展起来，测量部位包括跟骨、膑骨、胫骨和手指骨等。由于非侵入性测定骨密度和骨质量取得的长足进步，目前使用的方法能相当准确和精确地评价周围骨、中轴骨或全身骨骼的小梁骨和皮质骨骨质的变化，能大致地评定骨强度和预测骨折的发生。

骨质疏松的最终后果是引起骨折，而骨折的发生是由诸多因素造成的，外部因素包括外力和摔跤等，内部因素有人认为 60% 是由骨密度降低所引起的，40% 是由骨结构和骨力学性质（如骨的强度、刚度、弹性、孔隙等因素）所决定的。

基于定量超声（QUS）技术已广泛应用于工业材料特性的检测。从 20 世纪 70 年代开始，人们在研究骨密度测量的同时，就开始探索采用定量超声技术测量外周骨超声传导速度(UTV)作为研究骨状态的手段。

超声检测技术的基本原理通常是利用某种待测的非声量(如密度、浓度、强度、弹性、硬度、粘度、温度、流量、液面、厚度、缺陷等)与某些描述媒质声学特性的超声量(如声速、衰减、声阻抗等)之间存在着直接或间接关系和规律,再借助于表示这种关系和规律的数学公式,就可以通过超声量的测量得出那些待测的非声量。由于超声检测的基础是媒质声学特性的测量,所以一般不能采用过强的超声波,以免产生各种超声效应,影响测量。这些效应包括化学效应、空化效应、升温效应等,使媒质特性发生变化,从而降低测量精密度。一般采用较高频率和宽度较窄的脉冲波,以避免空化效应,又可产生较大的峰值信号而消耗较小的声能,有利于超声测量。

以单光子吸收法测试骨密度为例:单光子吸收骨矿测定利用放射性同位素125碘或241镅发射的单能γ射线对管状骨做横行单线式扫描,透过骨质后,由于被骨矿物质吸收而减弱,减弱的程度由置于射线对侧同步移动的碘化钠探测器测量。依据γ射线吸收原理,由计算公式自动计算出骨骼矿物质含量。检测部位常取易于体表定位的周围骨骼,因设备不同其扫描形式不一,可对桡骨远端、跟骨及股骨远端进行测量。最常用的测量部位为桡骨远端1/3处,此处密质骨占95%,松质骨占5%,骨质结构均匀,是测量骨矿物质含量的理想位置。这是一种无害、无痛苦、无创伤的诊断方法。单光子骨密度测试仪所用的放射源为低能量γ源,受测试者接受放射线的剂量很小,两次重复测不足10分钟,所接受的剂量为我国放射卫生防护基本标准的二万分之一,相当于一次拍X光片放射量的四百分之一,对身体没有影响,不会造成损害。

4. 骨密度的评价

世界卫生组织专家小组提出成人女性骨质疏松诊断标准:

(1) 正常:前臂远端、脊椎、髋骨骨密度(BMD)或骨矿含量(BMC)低于正常年轻成人平均值1个标准差(SD)以内为正常。

(2) 骨量减少:BMD或BMC值低于正常年亲轻人平均值1~2.5个SD范围内。

(3) 骨质疏松症:BMD或BMC低于正常年轻人平均值2.5SD或以下。

(4)严重骨质疏松症:BMD或BMC低于正常年轻人平均值2.5SD以下并伴有一处或多处脆性骨折。

骨质疏松症诊断标准是：根据是否有骨量减少、骨折、闭经、腰背痛及血中钙、磷、碱性磷酸酶的水平评分，在出现骨质疏松症合并症和临床症状时加分，而患有其他疾病可能性大时减分。应除外的疾病有：原发性和继发性甲状旁腺机能亢进、慢性类风湿性关节炎、恶性肿瘤骨转换、复发性骨髓瘤、外伤、继发性骨质疏松和骨软化症等。合计评分 5 分以上时诊断为骨质疏松症，4 分大体可诊断，3 分为可疑，2 分以下可否定。也就是用第三腰椎为中心拍侧位 X 线片，骨质萎缩度在Ⅰ度评 1 分，Ⅱ度以上评2 分，或 DXA 测量腰椎骨密度低于峰值骨量 2.5 个 SD 及以下计 2 分，脊椎和桡骨骨折时各计 1 分，股骨胫骨折时计 3 分，女性绝经前减 1 分，男性小于75 分减 1 分腰背痛计 1 分，血清 Ca、P、ALP 正常计 1 分，异常减分。这一诊断标准中存在的问题是：缺乏明确的鉴别诊断，腰背痛不是骨质疏松的特异症状，若按 X 线腰椎侧位相判别骨质疏松 Ⅰ 度为骨量减少，则 70 岁以上妇女患病率为 80% 以上。

目前有关骨质疏松的诊断标准国际上倾向于：第一，骨质疏松症的阈值不用 SD 表示，而用百分比表示。如测定的 BMD 值与同性别峰值 BMD 比较，减少 1% ~12% 为基本正常，减少 13% ~24% 为骨量减少，减少 25% 以上为骨质疏松症，其中 37% 为严重骨质疏松症。第二，除了腰椎以外，将用 DXA 测定的桡骨和股骨颈的骨密度值低于年轻人平均值（YAM）的 30% 作为骨质疏松症的阈值比较妥当。第三，男性骨质疏松的诊断标准及 QUS 的诊断阈值需要进一步讨论。测量骨密度、诊断骨质疏松的重要目的：第一，预测骨折的危险度，以便早期采取预防措施，防止骨折的发生。第二，提倡骨质疏松预防重于治疗，早预防，早诊断，早治疗。所谓预防为主，就是说应该了解骨质疏松的有关知识，有条件应尽早测量骨密度，年轻时养成吃含丰富钙质食品的习惯，使钙及 VD 摄入量达到 RDA 的要求，加强运动，注意提高峰值骨密度，当发现骨量减少就应采取预防措施。

实验二　血钙的测试与评定

1. 血钙

血钙由三种形式组成：46% 为离子钙，40% 是与蛋白结合的钙，14% 的钙与自由扩散的复合物结合。血钙在一个很狭窄的范围内波动，非常稳定，这是由于血钙受三种钙调节激素的精密调节。

2. 血钙的生物化学意义

血清总钙受血清白蛋白浓度，血清 pH 的变化，取血测定血钙时的体位和是否加止血带等因素的影响。血清蛋白每减少 1g/L，使血钙减少约 0.08mg/L；血清 pH 偏离 7.4 每 0.1 可使离子钙浓度改变 0.05；从直立到卧倒大约减 2%～7%。

3. 血钙的测定方法

最常见的准确测定钙的参考方法是原子吸收分光光度法。其原理是根据每种元素的原子处于“基态”或非激发态时吸收光的波长与这种元素激发态时发射的波长相同，每种元素有自己的特征吸收或共振线。此方法主要优点是灵敏度高，样品用量少(10～20μl)，不受溶血和血脂的干扰。临床上常用的方法有 EDTA 滴定法和比色法。

4. 血钙的评价

成人血清总钙的参考值范围为 2.1～2.55mmol/L，儿童为 2.2～2.7mmol/L。

血清总钙升高见于原发性甲旁亢，过量服用维生素 A 和 D 及恶性肿瘤患者。离子钙对较大外科手术之后、脓毒血症、肾、心、肺衰竭、烧伤患者及新生儿的低钙血症的补钙是最好的指南。慢性肾衰和肾病综合症等会使血钙下降。老年人血钙略有降低。

实验三　血磷的测试与评定

1. 血磷

血液中无机磷主要包括蛋白结合磷占小部分(6%～20%，平均10%)，不与蛋白质结合的磷又称可滤过磷，占大部分(80%～94%，平均90%)。这一部分主要包括游离无机磷和二价阳离子结合的磷即化合磷。血浆中的无机磷主要是 $H_2PO_4^-$ 和 HPO_4^{2-} 两种成分，比例为 1∶4，其含量可达无机磷总量的 85% 左右，

2. 血磷的生物化学意义

无机磷进入血循环的主要途径是肠磷吸收，骨磷释放入血，软组织释放磷和肾小管重吸收磷，维持血池中磷的平衡。

3. 血磷的测定方法

血清无机磷的测定方法一般有磷钼酸法、染料法和酶法。磷钼酸法是血清中无机磷与钼酸盐结合形成磷钼酸化合物，再用还原剂将其还原成钼蓝进行比色测定。染料法如孔雀绿直接显色测定法，虽非常敏感，但

影响因素多，显色不稳定，重复性也较差，不能用于常规检验。酶法是一个偶联反应，参与反应的酶有糖原磷酸化酶、葡萄糖磷酸变位酶及葡萄糖6-磷酸脱氢酶，反应中使 NADP + 还原成 NADPH，形成 NADPH 在 340nm 波长下测定其吸光度，该方法不受有机磷酸酯的干扰。

4. 血磷的评价

血磷主要有两种形式，一种是有机磷，主要是磷脂，含量约为 8mg/dL；另一种是无机磷，约为 3 ~ 4mg/dL。血磷在婴幼儿及儿童期明显高于成人。绝经后及老年女性血磷有升高倾向，可能与雌激素减少有关，而老年男性随年龄升高而降低。绝经后妇女和老年性骨质疏松患者，血清钙和磷虽然略有改变，但基本上在正常范围内，高磷血症见于甲状旁腺功能低下、维生素 D 中毒、肢端肥大症等。低磷血症见于透析患者，佝偻病恢复期，原发和继发甲旁亢等。

实验四　甲状旁腺激素的测试与评定

1. 甲状旁腺激素的测试与评定

甲状旁腺位于甲状腺背面的上、下极，是棕黄黄或肉红色小腺体。成人腺体重约 20 ~ 40mg，体积为 $6 \times 4 \times 2mm^3$，80% 左右的人是两对。甲状旁腺由主细胞及嗜酸性细胞组成，主细胞是合成和分泌 PTH 的细胞，10 岁以前只有主细胞。

PTH 是由 84 个氨基酸组成的多肽激素，分子量为 9500，PTH 的氨基端由 1 ~ 34 个氨基酸组成，具有生物活性，与靶细胞受体结合后发生生物效应。在 1 ~ 34 个氨基酸序列中，人与牛有 3 个氨基酸不同，人与猪有 2 个氨基酸不同。羧基端不具有生物活性，具有免疫活性，血中可测量的大部分是羧基片端。

2. 甲状旁腺激素的生物化学意义

甲状旁腺细胞合成的前原 PTH 由 115 个氨基酸组成，脱去氨基酸成为 90 个氨基酸的原 PTH 再从羧基端脱去 6 个氨基酸，成为 84 个氨基酸的完整 PTH。钙离子浓度是调节 PTH 合成和分泌的主要因素。低血钙可兴奋甲状旁腺而高血钙则相反。PTH 如果没有维生素 D 协助，不能使靶器官产生相应的 cAMP，亦不能发挥生理效应。而皮质醇、β 肾上腺兴奋剂、多巴胺、胰岛素、催乳素及生长激素等使 PTH 分泌增加。镁、锂可兴奋 PTH 的释放，而锶及高浓度磷酸盐有抑制作用。

3. 甲状旁腺激素的测定方法

PTH 的分析方法主要有：生物学法、放射免疫测定法（RIA）、免疫放射法（IRMA）和酶联免疫测定法（ELISA）。生物学法费时间，但对确认制品的生物活性是有用的。目前应用最广的 DIA 法（非平衡技术）测定 C 端和中段和完整 PTH，因为 C－片端的半衰期长（20 多分钟），具有免疫活性，不具有生物活性；而 N－片端的半衰期短（几分钟），不易测出，但具有生物活性。由于血清 PTH 片段组成的不均一性，究竟采用哪种方法需要根据不同疾病状态，PTH 片段的性质、分布和水平而定。如慢性肾功能不全患者测定完整 PTH 比测定 C－端更有意义。

酶标法检测 PTH 原理：PTH-ELISA 是一种在微孔板上操作的固相酶联免疫方法，用于检测人体血清及血浆中完整 PTH。标准品或样品与微孔表面包被的纯化抗体（Pabs 单抗 1-84PTH 抗体）结合，孵育后洗掉过量抗原，加入用 HRP 标记的单克隆抗体（Mabs，鼠抗 44-68PTH 片段抗体）形成夹层物：Pabs-PTH-Mabs-HRP。冲洗微孔板去掉过量的酶标抗体，加入显色液，用 H_2SO_4 终止反应在 450nm 波长比色。该法最小检测量为 2pg/ml，批内及批间 CV 分别为 2.7%～2.9% 和 7.9%～8.6%。回收率为 93%～94%。

4. 甲状旁腺激素的评价

iPTH（免疫活性 PTH）在高钙血症鉴别中有重要临床意义。原发性甲旁亢患者观察表明 90%。iPTH 超过参考值，与正常人仅有 10% 重叠。PTH 异位分泌，如肾癌或支气管腺癌患者常伴有高血钙。此外，肾功能衰竭、骨质疏松症以及 V_D 缺乏性佝偻病等由于低血钙、高血磷及 1α 羟化酶不足引起继发性甲旁亢。

由于多数系统无法鉴别血中水平的降低和正常低限，对于临床上诊断甲状旁腺功能低下并不像所想象的那样。由于低钙血症伴随着明显可测的或甚至增加的 PTH 水平，在低钙血症患者反应性 PTH 分泌的缺乏作为甲状旁腺机能不全的证据。相反，具有末端器官抵抗 PTH 的患者（称为假性甲状旁腺功能低下）表现出 PTH 浓度的增高。

实验五　维生素 D 的测试与评定

1. 维生素 D

人体内的维生素 D（V_D）有两种来源：一是由皮肤表皮细胞将胆固醇转变成 7-脱氨胆固醇，经紫外线照射形成胆骨化醇（胆钙化醇）即 V_{D3}。

只要有充分的光照,每日可合成200～400IV,可满足生理需要量,这是主要来源,占50%～80%。二是食物中的麦角钙化醇(V_{D2})和V_{D3}在十二指肠或空肠吸收,经淋巴循环入血。两种V_D混在一起被肝脏摄取,再贮存于脂肪或含脂丰富的组织中。

维生素D是通过一种特殊的转运蛋白质、维生素D结合蛋白(DBP)进入血流的。在肝脏中维生素D在25位碳上羟化生成$25OHD_3$。最后羟化的步骤在肾脏中由α-羟化酶催化,结果产生具有生物活性的形式——$1,25(OH)_2D_3$。肾脏中的α-羟化酶的活性受到严格的控制,尽管底物(25OH)的浓度变化很大,而$1,25(OH)_2D$的生成保持恒定。1α-羟化酶活性主要的调节因子是钙、甲状旁腺素和磷酸盐。血清钙低刺激PTH分泌,其作用是增进25OH向$1,25(OH)_2D$转化。低磷血症也会刺激25OHD向$1,25(OH)_2D$转化,但这一过程不需要甲状旁腺素。维生素D通过它的活性形成$1,25(OH)_2D$对肠有着最重要的影响,它刺激肠钙和磷酸盐的转运。维生素D也直接作用于骨和肾。在循环中的维生素D代谢产物中,25OHD含量最多而且半衰期最长(大约1～2周),营养性的维生素D缺乏、佝偻病或软骨病,其实就是与25OHD的水平低有关。长期使用抗惊厥药物进行治疗,可诱导肝清除率,使25OHD的浓度降低。代谢产物浓度异常低下,可因吸收不良引起在炎性肠道疾病、肠切除或胆汁性肝硬变。

循环中$1,25(OH)_2D_3$浓度的测定提供了具有生物活性的维生素D的测量手段。$1,25(OH)_2D_3$的生物半衰期大约为5～8h。在健康人中,它的生成是受到PTH和磷酸盐的严格控制。在某些正常的生理条件下,如生长、哺乳或怀孕,对钙和磷的需求增加,$1,25(OH)_2D_3$的合成相应增加。

2. 维生素D的生物化学意义

1α羟化酶受以下因素调节:血磷和血钙降低时,可促进此酶的活性,前者是直接后者是间接作用;PTH可看作是$1,25(OH)_2D_3$的促激素;催乳素、性激素、生长激素、胰岛素、降钙素等可促进$1,25(OH)_2D_3$的生成;糖皮质激素可使$1,25(OH)_2D_3$失活,代谢性酸中毒可抑制α羟化酶活性。此外,α羟化酶活性增高时,常见24-羟化酶活性降低。

3. 维生素D的测定方法

全血或肝素抗凝血。将血清和血浆于－20℃冻存。200μl用于25OHD的测定,1～2ml用于$1,25(OH)_2D$的测定。若在－20℃冷冻保存，1,25(OH)$_2$D和25OHD都是非常稳定的。竞争性蛋白的结合法测定25-OH-维生素D：将血清有机溶剂的提取物或进而用硅Sep-Pak柱层析后用竞争性蛋白结合法测定25OHD。从大鼠血清中得到的天然的维生素D结合蛋白作为结合试剂，^{3}H25OHD$_3$作为放射配体，合成的25OHD作为参考标准。葡聚糖包被的活性炭用于相分离。

（1）1,25－二羟基维生素D$_3$[1,25(OH)$_2$D$_3$]的测定。

1,25(OH)$_2$D$_3$是循环中的浓度低(pmol/L)维生素D的生物活性形式，首先采用维生素D缺乏的鸡的1,25(OH)$_2$D受体作为放射受体法的结合剂(RRA)。鸡肠受体蛋白不太稳定且需经常制备。新鲜制备并经稀释的胞质液与氚标记的1,25(OH)$_2$D及未标记的甾醇在25℃孵育1h。然后反应混合物用葡聚糖包被的活性炭去除未结合的甾醇，用上清液计数时就可以测出结合的甾醇的量，与样品中1,25(OH)D的量成反比。虽然受体对1,25(OH)$_2$D的亲和力比25OHD大500倍到1 000倍，然而正常循环系统中25OHD的浓度比1,25(OH)$_2$D大500～1 000倍。为了提高这一技术的特异性，在受体结合测定之前用硅酸柱正相HPLC纯化1,25(OH)$_2$D。

近来在提取之后，采用C18和硅酸柱速按顺序地进行层析，这样就可以不使用HPLC。这种方法使用从牛胸腺制备的受体蛋白，比鸡肠受体稳定性强，受血清脂质干扰小。

（2）放射免疫测定法(RIA)测定血清中1,25(OH)$_2$D$_3$。

RIA的优点是用抗体作为结合试剂更稳定方便。首先采用兔和羊抗1,25(OH)$_2$-维生素D$_3$-25-半琥珀酸盐-BSA结合物。这种抗体对1,25(OH)$_2$D有高滴度和高亲和力，但与其他维生素D代谢产物也有明显的交叉反应，最主要的是25OHD$_3$。

4. 维生素D的评价

血中的25OHD含量最多，半衰期长，是反映皮肤合成和食物摄取V$_D$营养状态的理想指标，是指导V$_D$用量的最适合指标。25OHD升高见于V$_D$中毒症(＞100ng/ml)，25OHD降低见于V$_D$缺乏性佝偻病、手足搐搦症、肾脏疾病、乳儿肝炎、骨肿瘤患者等。血清25OHD有随季节变化的特点，夏秋季高于冬春季；有随年龄增高而下降的趋势。1,25(OH)$_2$D$_3$升高见于妊娠期，原发性甲旁亢和VDDRⅡ型及高钙血症性类肉瘤；1,25(OH)$_2$D$_3$降低见于尿毒症、骨质疏松症、甲旁低、V$_D$缺乏性佝偻病及VODRⅠ型等。测定1,25(OH)$_2$D$_3$的重要价值在于鉴别诊断。

在正常的内环境稳定的机理失调时导致1,25(OH)$_2$D生成过量或生成不足,会引起高钙血症或低钙血症。在甲状旁腺功能低下和假性甲状旁腺功能低下、甲状旁腺功能损害或衰竭都是与1,25(OH)$_2$D减少及低钙血症有关。而在原发性甲状旁腺功能亢进甲状旁腺素分泌过剩使1,25(OH)$_2$D$_3$的生成增加并引起高钙血症。在类肉瘤病的高钙血症也观察到1,25(OH)$_2$D$_3$浓度的升高或许是由于甾醇在肾外过多产生所引起的。

在肾脏疾病中,肾功能的损害使磷酸盐潴留增加引起1,25(OH)$_2$D合成的减少。综上所述,营养性的维生素D缺乏是由于食物摄取不足或日光照射少引起血清25OHD水平的降低,最终引起循环中1,25(OH)D浓度的降低。假如出现低钙血症不纠正就会导致佝偻病或软骨病。抗维生素D佝偻病及维生素D依赖型的佝偻病是由于肾脏合成1,25(OH)$_2$D$_3$遗传上的缺陷所造成的。在这些情况下,测定1,25(OH)$_2$D$_3$特别重要的价值在于鉴别诊断。在确定某些维生素D代谢紊乱时,考虑测定25OHD和1,25(OH)$_2$D经常是必不可少的。例如,1,25(OH)$_2$D的水平低并不一定意味着这种代谢产物在肾脏中的生成减少。若测出这个人血清25OHD的浓度低,可以说是由于维生素D摄入不足所引起的。另一方面,如果1,25(OH)$_2$D低而血清中25OHD的水平正常,很可能存在1,25(OH)$_2$D合成的障碍。

三、内分泌机能生化指标的测试与评定

实验一　胰岛素的测试与评定

1. 胰岛素

胰岛素是人体内调节糖代谢的重要激素,同时它也参与脂肪和蛋白质的代谢。胰岛素对这些物质代谢的作用,有一个总的趋向,就是促使这些代谢性营养物质以不同形式储存起来。因此胰岛素也被称为“储存激素”。它的靶器官主要是肝脏、脂肪组织和骨骼肌,在它的作用下,人体摄入的三大营养物质主要储存在这三种组织中。

2. 胰岛素的生物化学意义

胰岛素是含有51个氨基酸残基的小分子蛋白质,相对分子质量为5808。由含有21个氨基酸残基的A链和含有30个氨基酸残基的B链组

成。A 链上有一个链内二硫键,A、B 两链之间有两个链间二硫键,这 3 个二硫键在维持胰岛素空间结构起重要作用,如果二硫键被打开,则胰岛素的空间结构遭破坏的同时其活性也随之丧失。在 B 细胞内,胰岛素生物合成的最早前体为大分子的前胰岛素原(preproinsulin),含有 109 个氨基酸残基,相对分子质量为 11500。前胰岛素原在粗面内质网中迅速被蛋白酶水解,去掉一个前肽,形成含 86 个氨基酸残基的胰岛素原(proinsulin),相对分子质量为 9000。胰岛素原被包装在囊泡中运输至高尔基复合体,再经蛋白酶水解成为分子数相等的胰岛素和 C 肽,分泌入血。

3. 胰岛素的测定方法

胰岛素是调节血糖水平的重要激素,可促进糖原分解,加速糖的氧化,抑制糖异生和分解,从而使血糖降低。当体内胰岛素含量增高时,引起低血糖症状,动物出现惊厥现象。在实验中,用大量注射胰岛素的方法引起动物低血糖,出现精神不安、角弓反张、乱滚、抽搐等惊厥反应症状。

4. 胰岛素的评价

胰岛素是由胰岛 β 细胞受内源性或外源性物质如葡萄糖、乳糖、核糖、精氨酸、胰高血糖素等的刺激而分泌的一种蛋白质激素。

先分泌的是由 84 个氨基酸组成的长链多肽—胰岛素原(Proinsulin),经专一性蛋白酶——胰岛素原转化酶(PC1 和 PC2)和羧肽脢 E 的作用,将胰岛素原中间部分(C 链)切下,而胰岛素原的羧基端部分(A 链)和氨基端部分(B 链)通过二硫键结合在一起形成胰岛素。

成熟的胰岛素储存在胰岛 β 细胞内的分泌囊泡中,以与锌离子配位的六聚体方式存在。在外界刺激下胰岛素随分泌囊泡释放至血液中,并发挥其生理作用。胰岛素的分泌分成两部分,一部分帮助维持空腹血糖正常而分泌的胰岛素,称为基础胰岛素,另一部分则是为了降低餐后血糖升高、维持餐后血糖正常而分泌的胰岛素,称为餐时胰岛素。餐时胰岛素的早时相分泌控制了餐后血糖升高的幅度和持续时间,其主要的作用是抑制肝脏内源性葡萄糖的生成。通过该作用机制,血糖在任何时间均被控制在接近空腹状态的水平;餐后血糖的峰值在 7. 0mmol/L 以下,并且血糖水平高于 5. 5mmol/L 的时间不超过 30 分钟。1 型糖尿病患者在确诊糖尿病之前,大部分患者胰岛 β 细胞发生自身免疫性破坏,导致餐时和基础胰岛素分泌均减少。2 型糖尿病患者胰岛 β 细胞功能异常进展缓慢,常常表现为外周胰岛素抵抗,但是也同时存在胰岛素一相分泌减少,因而可以出现空腹血糖正常而餐后血糖升高的情况。最终,餐后血糖水平可达到非糖尿病的生理状态时的4倍,并且在进餐后血糖升高持续数小时,以至于在下一餐前仍然显著升高。弥补餐时胰岛素分泌不足的胰岛素制剂有诺和灵R,胰岛素类似物制剂有诺和锐等。基础胰岛素是胰岛细胞24小时持续脉冲式分泌的胰岛素,主要用于维持空腹血糖水平的正常。美国糖尿病学会(ADA)与欧洲糖尿病学会(EASD)指南均建议,在生活方式干预和口服糖尿病治疗后,如果血糖控制仍不满意,应尽早开始胰岛素治疗,且首选基础胰岛素与口服降糖药合用。若此疗法仍不能控制血糖,根据该指南的治疗线路图,建议在此基础上在就餐时再加用速效胰岛素。目前用于弥补基础胰岛素不足的制剂主要有基础胰岛素类似物地特胰岛素等。

实验二　血清睾酮的测试与评定

1. 血清睾酮

睾酮是机体内活性最高的一种雄激素。男性的雄激素主要在睾丸间质细胞内产生。女性的肾上腺皮质网状带、卵巢的基质细胞也能分泌一定量的雄激素。

2. 血清睾酮的生物化学意义

睾酮是类固醇类化合物,不易溶于水,血清睾酮主要有4种存在形式:约3%为游离睾酮,约40%与性激素结合球蛋白结合,约40%与内蛋白结合,约17%与血浆蛋内质结合。游离睾酮和与白蛋白结合的睾酮易被组织利用,称为有活性的睾酮。其中游离睾酮的生理活性最强,而与性激素结合球蛋白结合的睾酮没有生理活性。但当被组织利用的睾酮增多时,结合的睾酮就分离出来补充。睾酮的主要生理功能是促进雄性生殖系统的发育与成熟,促进合成代谢,刺激红细胞的生成和骨骼的生长。长期大强度大运动量训练会导致血清睾酮水平下降,因此在运动训练监控中定期监测运动员血睾酮及游离睾酮的含量,可评价运动负荷量的大小及运动员的身体机能状态。血清睾酮的测定方法有放射免疫分析法、酶联免疫分析法、化学发光法等。这里以放射免疫分析法为例介绍血睾酮的测试方法。

3. 血清睾酮的测定方法

血清睾酮的测定采用放射免疫法,其分析基础是标记抗原和被测抗原(即非标记抗原)限量的特异性抗体的竞争性抑制反应。由于标记抗原和非标记抗原的免疫活性完全相同,因此与特异性抗体具有相同的亲和能力。在标记抗原和特异性抗体量恒定时，由于标记抗原抗体复合物的形成受非标记抗原(待测浓度的物质)的含量制约，所以当样品中非标记抗原含量高时，非标记抗原对特异性抗体的竞争能力强，非标记抗原抗体复合物的形成量就多，实验结果所计量到的标记性抗原抗体复合物放射活性就低；相反，样品中非标记抗原抗体复合物形成就少，实验结果所计量到的标记性抗原抗体复合物放射活性就高。其之间形成一定的逆相关函数关系。

4. 血清睾酮的评价

(1) 运动员睾酮参考值范围为：男子270～1 000ng/dl；女子10～100ng/dl。运动员血睾酮值根据性别、年龄、个体、训练阶段和身体状态等不同，常常会有较大幅度的变化，因此用血睾酮指标来评定运动员的机能状态，最好是采用对单个运动员积累个体的数据，进行系统监控的方法比较有效和可靠。

(2) 在运动训练对人体形态和机能的改造中，尤其对运动成绩的影响中，雄激素起着重要的作用，因此测定运动员血睾酮值有着重要的意义。一般来说，身体机能良好时，血清睾酮水平变化不大，且有体能增强伴有血睾酮增加的趋势。而在疲劳、过度训练或机能状态不好时，血睾酮水平则会下降，所以可将血睾酮作为评定运动员机能状态的指标。

(3) 血睾酮基础浓度高适宜从事力量性运动项目，是运动员选材指标。大运动量负荷后血睾酮下降，皮质醇上升，CK活性上升，为训练过度或机能差。相同训练条件下，浓度高是机能好的表现。男运动员血睾酮在500ng/dl、女运动员在100nm/dl以上时，机能状态良好。

(4) 当运动员血睾酮升高时，表明机体合成代谢旺盛，可继续大强度训练，以获得更好的训练效果。当运动员血睾酮持续出现明显下降时，应考虑有血睾酮相对不足和下丘脑—垂体—性腺轴功能下降的可能。由于血睾酮值的个体差异较大，因此仅用某一次血睾酮测值来评价该运动员血睾酮水平是不全面的，应注意积累资料进行纵向比较更为有意义。在不受任何药物干扰的情况下，当运动员增加训练量后血睾酮值低于训练前的25%以上，并持续不回升，即应进行调整。

实验三　血清皮质醇的测试与评定

1. 血清皮质醇

皮质醇(C)是由肾上腺皮质分泌的一种甾体类糖皮质激素，其作用有：能调节物质代谢，维持体内糖代谢的正常进行；保持血糖浓度稳定；促进肝外组织蛋白质的分解，抑制氨基酸进入肝外组织，使血中氨基酸含量上升；加强糖异生；促使四肢的脂肪组织氧化分解；使红细胞、血小板和中性粒细胞在血液中的数目增加。与普通人相比，运动员肾上腺皮质机能较强，但当过量运动训练造成肾上腺皮质机能下降后，体力也明显下降。过大运动负荷会造成组织蛋内质分解增强，影响运动员身体机能水平。因此，在运动训练过程中测试皮质醇可监控运动员的身体机能状态。

2. 血清皮质醇的生物化学意义

皮质醇有助哺乳类动物抑制钠从肠流失，但钠的流失不影响皮质醇分泌。皮质醇会导致钾从细胞流失。但这不会影响身体 pH，因为正常来说每 3 个钾离子流失会有 2 个钠离子补回。皮质醇是利尿剂荷尔蒙，肠部一半的利尿作用由它控制。皮质醇可增加免疫作用中铜的含量，从而刺激含铜的酵素，包括超氧化物歧化酶（superoxidedismutase），该种酶用作抵抗细菌。皮质醇可削弱免疫系统的活动，妨碍 T 细胞的繁殖。皮质醇降低骨的成骨，长远可导致骨质疏松症。皮质醇与肾上腺素对产生短期情绪记忆有重要作用，有关机制被认为可能帮助记忆日后要逃避的事物。不过，长时期过多皮质醇会损害海马体，影响学习能力。同时提高血压、缺乏皮质醇会导致大范围的血管舒张。

3. 血清皮质醇的测定方法

可采用放射免疫法，测试原理同血清睾酮的测定。

4. 血清皮质醇的评价

（1）皮质醇是一个非常灵敏的应激激素，在对其评价时也要采取个体、纵向和综合的办法，注意收集不同个体运动员不同状态血皮质醇的变化情况，并要结合其他生化指标才能较准确地评定运动员的机能状况。注意男女运动员在不同项目中评价标准可能有所不同。参考值范围：上午 8 时，6 ~ 26μg/dl（或 165 ~ 720nmol/L）；下午 4 时，2 ~ 9μg/dl（或 55 ~ 250nmol/L）；午夜零时，2 ~ 5μg/dl（或 55 ~ 140nmol/L）。

（2）在实际应用中可以在某一阶段性训练期中做定期测试。一般认为，血皮质醇是代表机体分解代谢快慢的指标。当运动后血皮质醇仍然保持较高水平，就会导致机体分解代谢过于旺盛，不利于消除疲劳。如果长期保持较高浓度而不恢复到正常水平，就可能引起过度训练，此时还应注意运动员的免疫状况，较高的血皮质醇水平会抑制机体的免疫机能，使运动出现感冒、发烧等症状。此外，为了达到好的竞技状态，运动员的下丘脑—体—肾上腺皮质机能应该处于一个正常状态，可用一次性大强度长时间定量负荷后血清皮质醇的变化幅度来评价，对于同样负荷的运动，运动后血清皮质醇上升越多或下降越少，则其肾上腺皮质机能越强，越能适应大负荷运动，越易取得好成绩。

（3）训练量过大，血清皮质醇浓度上升幅度加大；相同负荷运动时，血清皮质醇浓度上升的幅度下降，是适应运动量的表现；运动后恢复期下降速度慢，恢复时间长是机能状态差的表现。

（4）由于血清皮质醇浓度受多种因素影响，甚至连情绪激动时也会使其升高。所以测定安静状态时血清皮质醇浓度尤其要注意控制实验条件，前后比较时一定要在一天中的同一时间，以避免昼夜节奏对血清皮质醇的影响。一般可采用在阶段性训练中每周（一个小周期开始的第一天），晨起时取样来测定其血清皮质醇浓度，以避免其他因素的影响。

在运动实践中，为监控运动员的机能状况，可以定期测试运动员安静状况下血清睾酮与皮质醇（T/C）比值。可在阶段性训练前测晨起值作为基础值，然后在阶段性训练中根据需要定期测定晨起值与基础值进行比较，反映机体总的合成代谢与分解代谢的平衡状况。因此，测定血睾酮与皮质醇（T/C）比值，可以了解体内合成代谢与分解代谢的平衡状态，是目前公认的评定和监测过度训练、疲劳恢复状况的最灵敏指标。比值高时，机能状态好，是运动负荷适应的表现。当身体疲劳或对负荷不适应时，其比值下降。一般认为，当比值变化与原比值相比下降值大于 30% 时是过度训练的警戒值。

主要参考书目

1. 邓树勋,王健,乔德才,郝选明. 运动生理学(第三版)[M]. 北京:高等教育出版社,2015.

2. 王瑞元,苏全生. 运动生理学[M]. 北京:人民体育出版社,2012.

3. 孙红,彭聿平. 人体生理学(第三版)[M]. 北京:高等教育出版社,2016.

4. 姚泰,赵志奇,朱大年,杨雄里. 人体生理学(第四版)[M]. 北京:人民卫生出版社,2015.

5. 王瑞元. 生理学(第二版)[M]. 北京:人民体育出版社,2013.

6. 李光华. 人体生理学实验指导[M]. 北京:科学出版社有限责任公司,2017.

7. 艾洪滨. 人体解剖生理学实验教程(第三版)[M]. 北京:科学出版社有限责任公司,2016.

8. 沈岳良,陈莹莹. 现代生理学实验教程(第三版)[M]. 北京:科学出版社有限责任公司,2017.

9. 温海深,张沛东,张雅萍. 现代动物生理学实验技术[M]. 青岛:中国海洋大学出版社,2017.

10. 邓利. 人体及动物生理学实验指导[M]. 广州:华南理工大学出版社,2013.

11. 陆源,夏强. 生理科学实验教程(第二版)[M]. 杭州:浙江大学出版社,2012.

12. 朱健平. 实验生理科学教程[M]. 北京:科学出版社,2009.

13. 乔德才,汤长发,邓树勋. 运动生理学实验[M]. 北京:高等教育出版社,2006.

14. 全国体育院校教材委员会审定. 运动生理学实验指导[M]. 北京:人民体育出版社,2005.

15. 王镜岩,沈同,朱圣庚,徐长法. 生物化学(第四版)[M]. 北京:高等教育出版社,2017.

16. 张蕴琨,丁树哲. 运动生物化学(第二版)[M]. 北京:高等教育出版社,2014.

17. 运动生物化学编写组. 运动生物化学[M]. 北京:北京体育大学

出版社,2013.

18. 李裕和,翁锡全. 运动健康生物化学[M]. 广州:广东高等教育出版社,2016.

19. 翁锡全. 运动训练生物化学[M]. 广州:广东高等教育出版社,2016.

20. 张蕴琨,丁树哲. 运动生物化学实验(第二版)[M]. 北京:高等教育出版社,2016.

21. 翁锡全,林文弢,曹建民. 运动生物化学实验[M]. 北京:人民体育出版社,2011.

22. 徐克前. 临床生物化学检验[M]. 北京:人民卫生出版社,2014.

23. 尹一兵,倪培华. 临床生物化学检验技术[M]. 北京:人民卫生出版社,2015.

24. 钱士匀. 临床生物化学检验实验指导(第四版)[M]. 北京:人民卫生出版社,2011.

25. 邱忠平. 运动机能的生物化学评定[M]. 北京:科学出版社,2012.

26. 张爱芳. 生物化学与运动生物化学实验及习题集[M]. 北京:北京体育大学出版社,2006.

27. 黄玉山,胡柏平,汤长发. 运动处方的理论与应用[M]. 桂林:广西师范大学出版社,2005.

28. 李洁,陈仁伟. 人体运动能力检测与评定[M]. 北京:人民体育出版社,2004.

29. 冯连世,冯美云,冯炜权. 优秀运动员身体机能评定方法[M]. 北京:人民体育出版社,2003.

30. 林贵福,徐台阁,吴惠君. 体适能与运动表现的理论与应用[M]. 台北:艺轩图书出版社,2003.

31. 冯连世,李开刚. 运动员机能评定常用生理生化指标测试方法及应用[M]. 北京:人民体育出版社,2002.

32. 姚鑫. 运动人体科学实验教程[M]. 北京:北京师范大学出版社,2016.

33. 王国基. 运动人体科学实验[M]. 成都:西南交通大学出版社,2015.